Research on Urban Waterfront Planning and Development
with Water and City Integration

水城融合
城市滨水区规划发展研究

中国电建集团华东勘测设计研究院有限公司
杭州城市学研究会
编著

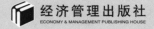
经济管理出版社
ECONOMY & MANAGEMENT PUBLISHING HOUSE

图书在版编目（CIP）数据

水城融合：城市滨水区规划发展研究/中国电建集团华东勘测设计研究院有限公司，杭州城市学研究会编著．—北京：经济管理出版社，2022.9
　　ISBN 978-7-5096-8699-7

　　Ⅰ.①水…　Ⅱ.①中…②杭…　Ⅲ.①城市—理水（园林）—景观设计—研究
Ⅳ.①TU986.43

中国版本图书馆 CIP 数据核字（2022）第 165123 号

组稿编辑：杨　雪
责任编辑：杨　雪
助理编辑：付姝怡
责任印制：黄章平
责任校对：陈　颖

出版发行：经济管理出版社
　　　　　（北京市海淀区北蜂窝 8 号中雅大厦 A 座 11 层　100038）
网　　址：www. E-mp. com. cn
电　　话：（010）51915602
印　　刷：唐山玺诚印务有限公司
经　　销：新华书店
开　　本：720mm×1000mm/16
印　　张：16
字　　数：237 千字
版　　次：2022 年 10 月第 1 版　　2022 年 10 月第 1 次印刷
书　　号：ISBN 978-7-5096-8699-7
定　　价：88.00 元

编委会成员名单

序：打造水城融合的生活品质之城

原中共浙江省委常委、杭州市委书记
杭州城市学研究理事会理事长
浙江省首批新型重点专业智库　　王国平
浙江省城市治理研究中心主任、首席专家
浙江省大运河文化保护传承利用暨国家
文化公园建设工作专家咨询委员会主任

城市是一个有机生命体，水体是城市形态与结构的重要组成部分，从古至今，任何一座城市的诞生和发展都离不开水。"逐水草而居"是人类选址定居的基本定式，依山傍水是人类对理想居住环境的美好追求。四大文明古国皆因水而兴，没有水就没有文明的兴起，没有水就没有生活的品质。

从农耕文明到工业文明，从水城分离到水城融合，从"京杭大运河""都江堰工程"到近现代中国城市水利规划建设实践，古今中外人类对"水与城"关系的探索从未停止。从这个意义上讲，一部城市发展史就是一部人类对"水城关系"持续探索的历史。随着城镇化进程的加快，一些地方不遵循城市发展的客观规律，不强调水城融合，不重视社会效益、经济效益、生态效益的有机统一，导致城市发展逐渐走向衰落。历史上的楼兰古城、锁阳城等，就是因为水源枯竭而湮灭。到了近现代，许多城市因不重视生态保护造成严重的环境污染，被历史发展的滚滚车轮抛弃。

"城市，让生活更美好"。城市滨水区规划迈入了新的时代，为加快实现城市高质量发展的目标，亟须改变传统的水城发展模式，坚持以水定城、以水定地、以水定人、以水定产，系统探索城市与水之间的和谐共生模式，不断满足人民对美好生活的向往。

一、杭州山水城市的发展脉络

钱学森先生在 20 世纪 80 年代就针对中国城市未来发展的趋势以及可能遇到的种种问题进行过深入的研究，并创新性地提出了"山水城市"理论及未来城市构想。他主张以"有山有水、依山傍水、显山露水，有足够的森林绿地、足够的江河湖面、足够的自然生态"的"21 世纪的社会主义中国城市构筑的模型"来推动和提升中国城市的未来建设。

杭州是一座名副其实的山水城市，有江、有河、有湖、有溪，且临海，像杭州这样具备五种水资源的城市，在中国乃至世界上都是不多的。杭州城市的发展史，就是一部因水而生、因水而立、因水而兴、因水而名的历史。

一是杭州因水而生。8000 年前，跨湖桥人凭借一叶小木舟、一双勤劳手，在湘湖、钱塘江畔捕鱼狩猎、种养采集，创造了辉煌的"跨湖桥文化"。5000 年前，良渚人在"美丽洲"（美丽的湿地）繁衍生息、耕耘治玉，创造了灿烂的良渚文化，被誉为"中华文明之光"。良渚古城外围水利系统是迄今所知中国最早的大型水利工程，是实证中华五千多年文明史的圣地，被誉为"中华第一城"。从以上地名就可以看出杭州与水的关系。

二是杭州因水而立。自公元前 222 年秦始皇嬴政设钱唐县，至公元 589 年隋文帝置杭州，上下八百年，杭州城市始终依江而立；此时杭州的发展主要依托钱塘江的航运功能，处于钱塘江主导期。

三是杭州因水而兴。隋代至宋元，随着大运河贯通南北，特别是江南运河与钱塘江和浙东水系的沟通，杭州作为水运枢纽、河海大港的地位日益凸显，加上五代十国的吴越国和南宋两度定都杭州，杭州的城市发展迅速走向繁荣，进入了运河主导期。

四是杭州因水而名。自唐代以来，随着西湖的开发利用，杭州渐成"游观胜地""人间天堂"。特别是元代以后，由于钱塘江航运功能的减弱和城内运河的淤塞，此时杭州主要依托西湖的旅游功能繁荣发展，进入了西湖主导期。

迈入 21 世纪，随着西湖综合保护工程、西溪湿地综合保护工程、运河综合保护工程、湘湖综合保护工程、千岛湖综合保护工程、南湖综合保护工程、市区河道综合保护工程、大江东新城建设工程等的实施，杭州的城市发展进入"五水共导"的新时期。

二、生活品质之城的探索实践

杭州市围绕水城问题不断探索的历程，就是为了回答好"城市发展到底为了什么"这一根本问题，从而确立科学的城市发展理念；联系杭州市的实际，这个答案就是共建共享"生活品质之城"。杭州市提炼出江、河、湖、海、溪"五水共导"的治水新理念，全力打造"水清、流畅、岸绿、景美、宜居、繁荣"的亲水型宜居城市。在实施"五水共导"的水城融合实践中，杭州市以道路（河道）有机更新带动道路（河道）两侧区域整治、保护、开发、改造、建设、管理，并带动水系两侧环境的综合整治、历史文化遗存的保护、地块的开发（实现"倚河而居"）、"城中村"的改造及新农村的建设，做到"整治、保护、开发"三位一体。可以说，杭州市自迈入 21 世纪以来，城市内几乎所有发展的大文章都是围绕水来做的。

一是做好江的文章，推进跨江发展。钱塘江孕育了一代代浙江文明，是杭州的"母亲河"，是 21 世纪杭州"精致和谐、大气开放"人文精神的象征和标志。杭州市内的钱塘江上游连着新安江、富春江、千岛湖"两江一湖"国家级风景名胜区，下游连接西湖风景区和京杭大运河，最终向东汇入东海，主线全长 235 千米，流域面积约 1.3 万平方千米，占全市总面积的 80%，形成"一江春水穿城过"的城市格局。2000年中共杭州市委、杭州市人民政府提出了"保老城、建新城"的发展理念和"从西湖时代迈向钱塘江时代"的发展战略，实现了城市发展由"摊大饼"向"蒸小笼包"转变，向"网络化""组团式"的发展模式转变。正是在"沿江开发、跨江发展、城市东扩、旅游西进"理念的引导下，杭州才有了萧山、余杭两市撤市建区，才有了钱江新城、高新区（滨江）、大江东新城、城东新城、奥体博览城，这些新城的设立为承办G20峰会、亚运会等大型高端国际会展创造了基础条件。

二是做好河的文章，实现申遗目标。运河是一座历史的丰碑，是一曲文化的乐章，是杭州的又一张"金名片"。杭州市委、杭州市人民政府十分重视对京杭大运河（杭州段）的保护利用，为改变京杭大运河（杭州段）的"脏乱差"面貌，从2002年开始，杭州市围绕"还河于民、申报世遗、打造世界级旅游产品"的目标，按照"保护第一、生态优先、拓展旅游、以民为本、综合整治"的原则，连续10年实施运河综合保护工程。此外，杭州市还围绕"水清、流畅、岸绿、景美、宜居、繁荣"的目标，按照"截污、清淤、驳坎、绿化、配水、保护、造景、管理"的要求，通过实施水体治理、路网建设、景观整治、文化旅游、民居建设五大工程，全面提升运河的生态功能等多项功能，将京杭大运河（杭州段）打造成具有时代特征、杭州特点、运河特色的景观河、文化河、生态河，成为展示杭州昨天、今天和明天的"21世纪新地标"，成为传统文化与现代文化交融的"东方塞纳河"。2014年6月，京杭大运河申遗成功，在遗产保护区内，杭州市被列入大运河首批申遗的点段共有11处，包含6个遗产点、5段河道；河道总长度110公里，申遗点段数量在全国各个城市中位于前列。当前，围绕着运河文化遗产的保护传承和利用，杭州市正在积极推进大运河国家文化公园建设。

三是做好湖的文章，提升城市品位。西湖是杭州的"根"与"魂"，三面环山、一面临城，山环湖、湖映山，山色湖光步步随，构成了西湖独特的自然美。从2001年开始，杭州市围绕"保护西湖、申报世遗"目标，按照"保护第一、生态优先，传承历史、突出文化，以民为本、为民谋利，整体规划、分步实施"的原则，连续10年实施西湖综合保护工程。杭州市以西湖为核心，不断在保护、管理、经营、研究上下功夫，提升城市品位，彰显"真山真水园中城"的城市特色：第一，在保护上下功夫。杭州市坚持"保护第一、生态优先，突出文化、完善功能"，并以人为本、以民为先。第二，在管理上下功夫。杭州市完善管理体制，创新管理机制，树立"以人为本、以游客为中心"的理念，坚持依法管理、从严管理、精细管理、长效管理，在服务中管理，在管理中服务。第三，在经营上下功夫。杭州市以市场为导向，创新经营理念，提升经营水平，用好景区资源，实现生态效益、社会效益和经济效益的最大化。第四，在研究上下功夫。只有把研究先行这项工作搞好了，杭州市才能真正了解西湖、保护西湖，才能使西湖经久不衰、再活一个两千年。2011年，杭州西湖文化景观被列入《世界遗产名录》，成为中国第41处世界遗产。西湖也被评为"中国最美五大湖"之一，西湖风景名胜区跻身全国首批5A级景区，杭州被联合国世界旅游组织和国家旅游局命名为"中国最佳旅游城市"。

四是做好海的文章，推进工业兴市。杭州邻海，钱塘江入海口——杭州湾就是以"杭州"来命名的。正因为这一独特的区位条件，杭州在历史上曾是我国重要的贸易港口。按照"接轨大上海、融入长三角、打造增长极、提高首位度"的战略部署，2009年，中共杭州市委、杭州市人民政府坚持高起点规划、高强度投入、高标准建设、高效能管理，研究决定在杭州湾畔规划建设大江东新城；按照"提升发展传统优势工业、适度发展新型重化工业、大力发展高新技术产业"的思路，确立"打造'杭州的浦东'，再造一个'新杭州'"的目标，加快江东、临江两大工业区建设，加快建设萧山海港，变"临海"为"临港"，打造临港型滨海城市，建设"天堂硅谷"，推进"工业兴市"。

五是做好"溪"的文章，建设生态城市。西溪发现于东晋，发展于唐宋，全盛于明清，与西湖、西泠并称杭州"三西"，一句"西溪且留下"让多少人心驰神往。西溪国家湿地公园是国内第一个集城市湿地、农耕湿地、文化湿地于一体的国家湿地公园。2003年8月，杭州市启动了西溪湿地综合保护工程。围绕"做好'溪'的文章"，杭州市坚持"生态优先、最小干预、修旧如旧、注重文化、以民为本、可持续发展"六大原则。同时，杭州市围绕西溪湿地保护这一系统性工程，在全国率先采用湿地公园模式，坚持 POD 模式（Park Oriented Development，以城市公园等生态设施为导向的模式），形成湿地公园"金镶玉"组团发展方式，实现旅游、求学、居住、创业等城市功能复合化、城市功能集约化发展。通过综合保护，西溪湿地自然生态得到了较好修复，生物多样性进一步显现，"城市之肾"功能进一步增强，西溪文脉得以传承。2009 年 7 月，经国际湿地公约秘书处批准，西溪湿地正式被列入国际重要湿地名录，成为浙江省第一个进入国际重要湿地名录的湿地。这是对杭州市实施西溪湿地综合保护工程的最大肯定，也是杭州市生态建设取得的标志性成绩。围绕西溪湿地公园，杭州市规划建设了相应的配套设施，在综合保护和开发利用之间找到了一个"最大公约数"，实现"学在西溪、住在西溪、游在西溪、创业在西溪"的发展理念，被誉为"西溪模式"。

迈入 21 世纪以来，杭州市先后获得了联合国人居奖、国际花园城市奖、中国最佳旅游城市奖、东方休闲之都、美丽山水城市、中国十佳宜居城市等众多"金名片"。杭州市江、河、湖、海、溪"五水共导"成功的水城融合实践表明，一座城市只有拥有丰富的水资源，才会有活力、灵气和生命力；只有科学妥善地处理好水与城的关系，才能为建设生活品质之城打下了牢固的根基。

三、城市发展和治理的鲜明导向

2020 年 3 月 31 日，习近平总书记在杭州考察时指出，"要把保护好西湖和西溪湿地作为杭州城市发展和治理的鲜明导向，统筹好生产、生活、生态三大空间布局，在建设人与自然和谐相处、共生共荣的宜居城市方面创造更多经验"。在水城关系强调"水城融合""共生共融"的时代背景下，西湖、西溪湿地综合保护工程为城市发展和治理的鲜明导向提供了实践与探索。概括地说，"鲜明导向"的关键内涵就是努力做到"三个坚持"。

一是坚持转变城镇发展方式和转变经济发展方式两轮驱动。中央城镇化工作会议指出，要"按照促进生产空间集约高效、生活空间宜居适度、生态空间山清水秀的总体要求，形成生产、生活、生态空间的合理结构"。一段时间以来，很多地方片面强调经济发展，却忽视了城镇的发展，导致城镇化滞后于工业化、城镇发展滞后于经济发展，造成城镇发展"低、小、散、差"的局面，进一步加剧了产业结构的"低、小、散、差"，制约着城市经济发展方式的转变。理念决定思路，思路决定出路；只有把经济发展方式转变与城镇发展方式转变紧密结合起来，以城镇发展方式的转变推动经济发展方式的转变，才能突破两者各自面临的瓶颈。杭州市通过总结推广西溪湿地综合保护的成功经验，推进"环境立市"发展战略，坚持"做城市、做环境"，以一流的城市环境吸引一流的人才，以一流的人才兴办一流的企业。正是依托良好的环境，杭州市才成为了生产要素聚集的宝地、人才向往的高地、商务成本降低的盆地和经济效益提高的福地。

二是坚持推广城市生态类基础设施社区化。城市基础设施是城市正常运作的前提条件，是提升城市居民生活品质的重要保证，是城市产生集聚效应和规模效益的决定因素。城市基础设施应包括经济类基础设施、社会类基础设施、生态类基础设施。城市水域资源作为至关重要的城市生态类基础设施，规划利用城市水域资源的重要性绝不亚于修路、架桥等城市经济类基础设施建设工程。西溪国家湿地公园的建设，成功探索了一条由"湿地公园"向"湿地公园型城市组团"转型的绿色发展之路，也就是创新和坚持了"城市基础设施社区化"这一核心理念；即围绕"湿地公园"为核心，通过"15分钟生活圈+15分钟通勤圈·就业圈·消费圈·社交圈·教育圈·医疗圈·运动圈·休闲圈·生态圈"的功能组合和系统构建，打造"结构有序、功能互补、整体优化、共建共享"的"湿地公园型城市组团"，确保在区域内部实现生产、生活、生态功能的复合发展，以及社会效益、经济效益和生态效益的"三效合一"发展。

三是坚持以打造人与自然和谐共生的宜居城市为目标。坚持把保护西湖、西溪湿地作为杭州市发展和治理的鲜明导向，终极目标是要建设"宜居城市"。"宜居城市"的建设目标，阐明了城市中人与人、人与自然的理想关系，体现了现代化城市的人居环境属性和高质量的城镇化发展内涵。杭州市始终把"环境立市"战略作为城市发展的核心战略，不惜在保护环境上花大钱、下血本，通过保护环境推进市民生活居住的国际化，进入世界宜居城市的行列。两千多年前，古希腊大思想家、大哲学家亚里士多德就说过："人们来到城市是为了生活，人们在城市居住是为了生活得更好。"建设宜居城市就是满足人民对美好生活的向往，是"百年未有之大变局"这一时代背景下追求高质量发展的应有之义。

中国电建华东勘测设计研究院作为国家大型综合性甲级勘测设计研究单位，在水环境治理、水生态修复等涉水业务领域具备极其丰富的实践经验。2021年6月，中国电建华东勘测设计研究院与浙江省首批新型重点专业智库"杭州国际城市学研究中心浙江省城市治理研究中心"共同谋划，围绕人与自然和谐共生的"水城融合"发展理念，结合我国城市滨水空间的规划建设现状、发展趋势及国内外成功案例分析等，对城市滨水空间规划与发展展开系统性研究。本书将其中部分成果汇集出版，对我国城市滨水区规划、设计、建设、运营及城市生态类基础设施社区化等规划建设具有较高的借鉴价值和参考价值。

前　言

　　城市滨水区是城市范围内水域与陆地相接的一定范围内的区域，其特点是水与陆地共同构成环境的主导要素，它是城市中自然因素最密集、自然过程最为丰富的地域，同时这里的人类活动和城市人为干扰又非常剧烈，可以说，它是人类活动与自然过程共同作用最为强烈的地带之一。

　　自产业革命以来，城市经济结构重组、社会结构转型和城市郊区化导致城市衰退。在对生态自然环境的关注日益高涨及可持续发展思想的影响下，城市滨水区的独特地位正受到人们的普遍关注。滨水区复兴和开发已是世界性的潮流和趋势，并被人们当作城市规划建设和经济发展的重点。发达国家城市滨水区的开发建设已形成了许多优秀的案例，而我国城市滨水区的改造还正处于成长阶段，探索符合我国城市建设实际的城市滨水区开发建设的理论与实践道路，对我国现阶段城市滨水区的改造热潮极为重要。

　　2015 年，中央城市工作会议提出"统筹生产、生活、生态三大布局，提高城市发展的宜居性"。城市发展要把握好生产空间、生活空间、生态空间的内在联系，实现生产空间集约高效、生活空间宜居适度、生态空间山清水秀。2020 年 3 月 31 日，习近平总书记在杭州考察时强调，"要把保护好西湖和西溪湿地作为杭州城市发展和治理的鲜明导向，统筹好生产、生活、生态三大空间布局，在建设人与自然和谐相处、共生共荣的宜居城市方面创造更多经验。""三生融合"是迈入新发展阶段的基础，是人、社会活动、自然生态统一发展的必要条件。探索"三生融合"发展范式成为城市高质量发展迈入新阶段的重要抓手。

本书基于水城融合的理念，探索城市滨水区规划发展的经验和路径，是"三生融合"理念在城市滨水区规划中的一个集中研究。本书主要由六部分组成：

第一部分是基于水城融合的城市滨水区发展的研究路径。介绍了水城融合的政策背景、研究目的与意义、研究内容、研究方法和研究架构。

第二部分是关于水城融合研究的理论体系构建。阐述了城市滨水区的概念、水城关系的发展、水城融合的内涵和理论创新以及城市滨水区的开发模式研究等。

第三部分是国内外城市滨水区发展实践与经验总结。对国内外城市滨水区的水城融合实践案例进行解读，分析国内外城市滨水区如今面临的问题与挑战，并总结出国内外城市滨水区发展的经验与趋势。

第四部分从城市滨水区的功能承载、城市滨水区建设的评价标准以及未来发展趋势对城市滨水区的功能定位等方面进行了相关分析。

第五部分从理论研究的规划实践落地角度，对国内优秀的城市滨水区开发案例进行分类分析，分别以打造"韧性生态水城""多彩活力水城""数字智治水城""'三生共融'水城"四类典型案例为代表，对规划理念的实施、项目构思、空间布局、规划特色等进行系统性分析。

第六部分是关于我国城市滨水区建设的相关建议。基于我国城市滨水空间的发展趋势及相关案例分析，提出未来我国城市滨水空间建设应注重加强城市滨水区建设的可行性研究、提升城市综合开发项目整体规划理念、坚持城市基础设施建设社区化的理念和原则。

目　录

第一章

引 言

一、研究背景

（一）碳中和战略的提出

随着可持续发展理念的提出，国家对城市滨水区的设计与规划能力提出了更高的要求。城市滨水区建设在发挥城市经济属性和空间活力的同时，也应该与环境和谐共处。我国早期的城市规划与建设很粗放，缺乏对生态环境与城市空间的统一考量，因此对城市的生态环境造成了很大的影响。城市的生态环境极度脆弱，也给近年来的城市建设造成了较大的阻碍，尤其是生态脆弱且敏感的滨水区域，更应该把低影响开发、城市有机更新与再生、水城融合、低碳城市、绿色发展等理念原则贯穿始终。

自党的十九大以来，国家对城市的生态建设提出了新的要求，人民在生活水平提高后对于所处的生活环境也有了更高的要求。尤其是 2022 年国家发布的碳中和的相关政策和指导意见，将生态保护和低影响开发等理念提到了更高的层次。新形势下，城市滨水区开发需以满足绿色低碳发展要求为前提，这给城市滨水区的发展提出了新的挑战。

1. 中国针对碳中和的行动和相关国策

（1）中央政策

2020年9月22日，在第75届联合国大会上，中国表示将提高国家自主贡献力度，采取更加有力的政策和措施，力争于2030年前达到碳排放峰值，于2060年前实现碳中和。

2020年10月29日，党的十九届五中全会通过的《中共中央关于制定国民经济和社会发展第十四个五年规划和二〇三五年远景目标的建议》提出，到2035年，广泛形成绿色生产生活方式，碳排放达峰后稳中有降，生态环境根本好转，美丽中国建设目标基本实现。"十四五"期间，加快推动绿色低碳发展，降低碳排放强度，支持有条件的地方率先达到碳排放峰值，制定2030年前碳排放达峰行动方案；推进碳排放权市场化交易；加强全球气候变暖对我国承受力脆弱地区影响的观测。

2020年12月16~18日，中央经济工作会议举行。会议指出，碳达峰、碳中和工作作为2021年八大重点任务之一，要求抓紧制定2030年前碳排放达峰行动方案，支持有条件的地方率先达峰。要加快调整优化产业结构、能源结构，推动煤炭消费尽早达峰，大力发展新能源，加快建设全国用能权、碳排放权交易市场，完善能源消费双控制度。要继续打好污染防治攻坚战，实现减污降碳协同效应。要开展大规模国土绿化行动，提升生态系统碳汇能力。

（2）生态环境部政策

生态环境部出台了一系列全国碳排放权交易管理政策。2021年1月5日，生态环境部发布《碳排放权交易管理办法（试行）》（以下简称《管理办法》），该办法已于2021年2月1日起开始实施。《管理办法》进一步加强了对温室气体排放的控制和管理，为新形势下加快推进全国碳市场建设提供了更加有力的法制保障。2020年，生态环境部还印发了《2019—2020年全国碳排放权交易配额总量设定与分配实施方案（发电行业）》和《纳入2019—2020年全国碳排放权交易配额管理的重点排放单位名单》等配套文件。

（3）国家发展和改革委员会的行动

国家发展和改革委员会2021年1月新闻发布会指出，将从大力调整能源结构、加快推动产业结构转型、着力提升能源利用效率、加速低碳技术研发推广、健全低碳发展体制机制、努力增加生态碳汇六大方面推动实现碳达峰、碳中和。国家发展和改革委员会在部署 2021 年发展改革工作任务时表示，持续深化国家生态文明试验区建设，部署开展碳达峰、碳中和相关工作，完善能源消费双控制度，持续推进塑料污染全链条治理。2021 年 1 月 19 日，国家发展和改革委员会政研室主任表示国家发展和改革委员会坚决贯彻落实党中央、国务院决策部署，抓紧研究出台相关政策措施，积极推动经济绿色低碳转型和可持续发展。

（4）财政部政策

财政部积极支持应对气候变化。2020 年 12 月 31 日，全国财政工作会议针对应对气候变化相关工作做出了部署，内容包括坚持资金投入同污染防治攻坚任务相匹配，大力推动绿色发展。推动重点行业结构调整，支持优化能源结构，增加可再生能源、清洁能源供给。研究碳减排相关税收问题。加强污染防治，巩固北方地区冬季清洁取暖试点成果。支持重点流域水污染防治，推动长江、黄河全流域建立横向生态补偿机制。推进重点生态保护修复，积极支持应对气候变化，推动生态环境明显改善。

（5）国家能源局政策

国家能源局致力于推动能源绿色低碳转型。2020 年 12 月 21 日，国务院新闻办公室发布《新时代的中国能源发展》白皮书并举行发布会。国家发展和改革委员会党组成员、国家能源局局长章建华在发布会上表示，未来我国要加大煤炭的清洁化开发利用，大力提升油气勘探开发力度，加快天然气产供储销体系建设，要加快风能、太阳能、生物质能等非化石能源的开发利用，还要以新一代信息基础设施建设为契机，推动能源数字化和智能化发展。

这一系列政策文件的出台和行动的开展，为我国实现碳达峰、碳中和明确了时间表和路线图。这意味着我国将完成全球最高碳排放强度降幅，用历史上最短的时间实现从碳达峰到碳中和。实现这一目标，需要战胜很多困难、付出艰苦卓绝的努力。

首先，实现碳达峰、碳中和，需要坚持"全国统筹、节约优先、双轮驱动、内外畅通、防范风险"的原则。通过强化绿色低碳发展规划引领、优化绿色低碳发展区域布局、加快形成绿色生产生活方式，推进经济社会发展全面绿色转型；通过推动产业结构优化升级、坚决遏制高耗能高排放项目盲目发展、大力发展绿色低碳产业，深度调整产业结构，促进新兴技术与绿色低碳产业深度融合，积极培育和形成新的经济增长点。其次，实现碳达峰、碳中和，需要加大生态保护力度。要强化国土空间规划和用途管控，严守生态保护红线，严控生态空间占用，稳定现有森林、草原、湿地、海洋、土壤、冻土、岩溶等的固碳作用，巩固生态系统碳汇能力；要大力实施生态保护修复重大工程，开展山水林田湖草沙一体化保护和修复，提升生态系统碳汇增量。最后，实现碳达峰、碳中和，需要全社会共同努力。政府要发挥指挥棒的作用，深化相关领域改革，破除制约绿色低碳发展的体制机制障碍；市场要充分发挥在资源配置上的决定性作用，引导各类资源、要素向绿色低碳发展集聚，激发各类市场主体的内生动力和创新活力；企业要积极作为，勇于创新，探索适合自身的低碳发展之路；公众要提高绿色低碳意识，积极参与绿色低碳行动。

2. 碳中和背景下的城市滨水区规划研究

城市是践行碳中和发展的重要阵地，城市规划和设计是实现"双碳"目标的重要手段。"碳中和"城市建设可借力城市滨水区规划，在规划中融入低碳规划理念和碳排放管控措施，全方位落实碳达峰和碳中和重大部署，推动城市生产生活碳达峰，增加"绿色碳汇""蓝色碳汇"。这既是生态文明建设与生态系统保护必须落实的重要内容，更是维护人类福祉、保护人类家园的关键举措，具有十分重要的战略意义。具体实施可通过建设碳排放动态数据库、低碳产业体系、绿色交通体系、低碳市政设施体系、绿色基础设施等实现。

城市滨水区公园、湿地公园、郊野公园等开敞空间系统和生态保护区域是碳汇中心，在城市中心区与边缘区建设碳汇中心将起到碳捕捉、气候调节、污染控制、生态涵养等作用。借助城市滨水区打造生态屏障，实现碳捕捉、碳汇经济与环境保护的"生态—经济"复合功能。

城市滨水区以河湖岸带、青山绿园、城市道路为载体，建设临水穿城的安全行洪通道、自然生态廊道和文化休闲漫道，构建集碳汇、生态、景观、休憩于一体的复合功能型廊道，能有效吸附邻近地区交通产生的二氧化碳与空气污染物，起到城市通风廊道、生态廊道和隔音屏障等重要作用。

"碳中和"背景下的城市滨水区建设是全方位、宽领域的系统工程，唯有多方面重视减碳排和增碳汇，在规划—建设—运营全阶段采取主动措施，才能早日实现城市碳达峰和碳中和。在新一轮国土空间规划中，需重点打造碳排放动态数据库并将其作为低碳城市空间优化与问题研判的核心量化工具，从低碳产业体系、绿色交通体系、低碳市政设施体系、绿色基础设施等国土空间规划多专题入手提高城市生产生活的碳排放效率，推动重要能源消费端增长达峰，以城市生态系统建设提高蓝绿碳汇能力，早日实现城市碳氧平衡[①]。这既是低碳城市建设的升级优化，也是在生态文明建设、国土空间规划大背景下对"碳中和"城市建设的有益探索，更是落实"十四五"规划内容和碳达峰碳中和目标的战略举措。

（二）韧性城市的兴起

1. 韧性城市的概念

"韧性"一词最早源于物理学概念，指物体围绕其固有基准、保持本质特征前提下的可变性，是某一物质对外界力量的反应力。生态学家提出生态韧性的概念，指出其基本含义是生态系统所拥有的化解外来冲击，并在危机出现时仍能维持其主要功能运转的能力。相较于防灾减灾，韧性在内容上更注重灾前准备而非灾后管理，涵盖更广阔的风险范围。由于不同的社会、经济、生态等资源禀赋差异所带来的城市差异，不同城市具有不同特点，所面临的风险不仅来自外部，也可能存在于城市本身，且具有必然性、突发性和不确定性，因此更应该重视应对行为的有效性和多功能性。

---

① 王少剑. 借力国土空间规划，建设"碳中和"城市，光明网 2021-04-01 https：//m.gmw.cn/baijia/2021-04/01/34733637.html.

生态韧性的主体是人与自然。一方面，居民在自然系统中获取水和能源来满足他们的需要，实现人类的可持续发展。但无论是日常需要还是应急需要，资源获取的过程都会给生态系统带来破坏和污染。因此，需要保护自然资产，保障生态系统稳定，从而为城市提供天然屏障。另一方面，自然资产和人类活动可以协同，运用良好的环境管理，减少人类行为带来的风险，避免造成自然资产损坏或损失。

2015年以来，我国先后启动了海绵城市、气候适应型城市的建设试点，重点关注灾害风险，提升应对气候灾害的能力，取得了较好成效。近年来，北京、上海等城市的新一轮城市总体规划中，均有"加强城市应对灾害的能力和提高城市韧性"等相关表述。城市韧性已成为城市可持续发展的核心论点之一，其核心就是要有效应对各种变化或冲击，减少发展过程的不确定性和脆弱性。尤其是从"十四五"时期开始，关于城市基础设施、交通通信、食品物资等要素的建设规划，不仅会考虑到城市日常生活的需求供给关系，更将考虑在重大突发事件下各种资源的承载力，以提升城市韧性。

2. 韧性城市与城市滨水区空间开发

中国经过快速城市化发展后，出现了水污染、水安全等水环境问题，城市发展面临着巨大挑战。合理有效地管理水环境，是城市实现可持续发展目标的关键。习近平总书记就保障国家水安全问题提出把水资源作为最大的刚性约束，坚持以水定城、以水定地、以水定人、以水定产。城市滨水区是城市最重要的韧性基础设施，对城市滨水区的规划不仅是空间上的规划，更需要融合环境和资源的考量，引导城市滨水区空间规划从管理滨水土地资源转向提高生态品质、合理分配资源和保障城市安全等方面。

韧性城市包括生态、工程、经济、社会等各个方面，需要多方面的韧性建设以及配合才能实现。韧性城市强调了城市发展不确定性和多种可能性，因此韧性的设计应当适应多种发展情景，能够应对城市的多种发展需求。为城市滨水区空间系统添加功能复合性正好符合韧性城市的这一核心理念，使生态系统构成的多样性成为新视角下城市滨水区系统规划的重要原则——强调设施个体的多样性和功能的多样性。因此，韧性城市滨水系统的功能复合性可以被视为是对现有城市灰色基础设施的有力补充，从而提升城市应对可能出现的极端条件的反应能力并缩短处理时间，是构建韧性城市的重要因素。

（三）滨水区价值的凸显

城市的起源与兴盛大多与滨水区有密切的关系。中国几乎所有的城市中都有与城市建立与发展密不可分的重要水体，这些水体也成为城市中重要的结构性要素。历史上，城市水系提供了廉价而高效的水运交通方式、给排水等城市生命线系统，成为居于核心地位的物质要素组织系统，滨水区也自然成为城市生活的重要空间载体。加上城市滨水区生态环境良好，景观条件优越，人文与自然资源丰富，促成了历史上城市滨水区的繁盛，其往往成为城市中最为活跃和精彩的地区。

随着机动交通的兴起，道路取代河流成为各种经济要素依附的主要载体。水系的交通功能逐步降低，经济功能随之减弱，滨水区在城市建设中逐渐成为被遗忘的角落。但在生产型社会向消费型社会转型的过程中，城市水系的景观、生态、文化等价值日益受到重视，其经济价值也随之显现，城市滨水区重新成为城市建设的焦点地区。

总之，无论是在历史上，还是在当前，抑或是今后，滨水空间对城市的重要价值体现只增不减，充分重视和保护开发城市滨水区价值已经成为国内外各城市的战略共识。

1. 促进城市经济发展模式转型

在制造业占主导地位的工业化时期，人们将主要精力集中于追求要素流动与转化的效率，其他价值被严重忽略，城市河流主要作为运送大宗廉价商品和排污的通道，被当成城市"后街"或"背弄"，成为被遗忘的角落。而在服务业占主导地位的后工业化社会中，人们越发重视差异化的生活体验，更加认可多元化的价值观，更加注重人文要素的发掘和创造。

我国乃至世界的古城或城市老城区大多依水而建，城市中历史最为悠久的部分往往是滨水区；滨水区通常还是城市中最容易保留良好植被和自然景观的地带，水体是城市天然的开敞空间，视野辽阔，是风、光、雨、雪等自然现象最好的观赏场所；河流中的航船，跨河的各型桥梁，使滨水景观更加生动丰富，垂钓或乘船等一些独具特色的游乐活动在这里开展；绵延的堤岸，是机动车主宰的城市中难得的连续步行空间。城市滨水区集聚了丰富的历史人文、自然景观要素，从而成为城市中最具魅力的地区之一。而这种魅力正好为依附于城市滨水区的消费服务业提供了差异化特征和更高的附加值，随着城市物质文明水平不断提高，越来越多的人愿意花更多的钱去获得具有特色和多样性的服务，社会消费愈发活跃，并带动社会生产进入一种良性循环的状态，城市滨水区的经济价值随之体现。

例如，休斯顿的布法罗河（Buffalo Bayou）地区以前是一片集中的工业仓储区，随着制造业的持续衰退，日渐破败。而在休斯顿市逐渐进入消费型社会的过程中，服务业逐步兴起，对城市自然景观环境和公共空间品质提出了更高要求，市民对创造宜居环境的呼声也越来越高。最终促使 2002 年休斯顿市政府启动布法罗河滨水区改造计划，截至 2020 年，仅硬件方面就投入 64 亿美元，将约 25.9 平方千米的滨水区进行彻底改造，腾退工业仓储用地，提供约 3.4 平方千米的开放性公园，并结合绿地布置运动和文化娱乐设施，在布法罗河经过的中心区，推动房地产开发，增强城市中心区活力，改善城市整体生态和景观环境，同时为市民提供充裕的休闲活动空间（衡阳通讯，2017）。伦敦东部，泰晤士河畔的狗岛（Isle of Dogs）地区，原本也是工业和仓储区，随着制造业的没落而衰败。政府推动的改造计划将狗岛地区分期开发为城市新的 CBD，创造了数以万计的就业机会，刺激了城市繁荣，同时改善了城市环境。

在消费型社会中，城市滨水区往往是相对价值较高的地区。国外一些发达国家的城市滨水区，地产价值可以达到非滨水地区的 6 倍（衡阳通讯，2017）。随着我国各大城市从生产型社会逐步向消费型社会转变，城市滨水地区价值也在快速提升。近年来，我国很多城市在经济高速发展过程中积累了一定的社会财富，也纷纷启动了对城市滨水区的景观建设和综合开发，由此带动了都市型服务业的发展，从空间发展模式方面推动城市从以工业用地扩张为代表的规模蔓延转向以三产提质增效为代表的城市二次开发。

成都市 1993 年启动府南河改造工程，历时 5 年，投资 30 亿元，治理河道和滨水区 16 千米，至 1997 年，府南河一环路城区段河道整治全面竣工。府南河重新疏浚了 16 千米河道，新建和加固 25 千米河堤，新建和改造了 18 座跨河桥，兴建百花潭、老南门、九眼桥、二号桥、万福桥 5 座船闸。河流行洪能力提高一倍，达到 200 年一遇防洪标准。沿江筑路 40 多千米，拆迁居民 10 万人。将两侧棚户区、工业区改造为环老城景观绿带，大大提高了城市整体环境品质，带动了两侧房地产开发，增强了老城经济活力，取得了市民、政府、开发机构多方共赢的效果，并于 1998 年获得"联合国人居奖"，同时获得国际环境设计研究会和美国《地理》杂志"环境地理设计奖"。在此基础上，成都市不断推进滨水区的改造与建设，先后启动"沙河综合整治""成都浣花溪公园""南湖公园"等多项大型滨水区建设工程，都收到了良好的实际效果和社会反响。

2. 带动城市空间结构调整

在一个城市的各个历史时期，城市水系和滨水区往往随着城市整体空间结构的演变而发展。以苏州古城为例，苏州古城建成于 2500 年前，至今城址没有大的改变，古城范围约 15 平方千米，围绕它开凿了护城河，京杭大运河故道经护城河西段和南段掠过古城。因为航运发达，阊门地区形成辐射江南诸郡的大型米市，商铺云集，形成繁华市井。1994 年，中国与新加坡的合作项目——苏州新加坡工业园区选址于靠近上海的苏州东部金鸡湖周边地区，当时定位为配套基本完善的工业新镇。在随后的发展中，苏州市逐步形成"古城居中，东园（新加坡工业园区）西区（高新技术开发区）"的态势，并在 1996 版总体规划中确定为"一体两翼"的格局。苏州古城与护城河和格状水系密切结合，高新技术开发区紧临大运河布局，工业园区完全围绕金鸡湖布局城市主要功能区，将这 7 平方千米的水面建设成为城市内湖。吴良镛先生勾勒的苏州"四角山水"空间图示清晰地反映了 20 世纪 90 年代苏州周边山水景观楔入城市的山水格局。进入 2000 年以后，苏州城市建成区快速蔓延，已经大大突破原有"一体两翼"的结构，"四角山水"的内涵也有了新的扩展。依据新的发展条件和趋势，在 2007 年开展的《苏州总体城市设计（2007—2020）》中，进一步明确沿大运河西段和南段地区为集聚综合服务和休闲功能的城市活力带，这一带的发展为包括苏州西部太湖和苏州南部水乡地区在内的区域旅游产业提供都市型综合服务，作为其后台支撑。从苏州城市开发建设的各个阶段可以看出，每一次城市结构的重大调整，都伴随着对城市滨水空间系统的重新梳理。

同时，城市滨水区建设往往也是新发展阶段的启动项目。浙江台州临海市在《临海市域总体规划（2007—2020）》中确定了以主城区与滨海新城为主体的"主辅双城"结构，目的是依托海运优势发展重工业，是产业升级的必然选择。同时，其主城区一方面受到滨海新城的拉动，城市发展重心向南迁移；另一方面由于逐步步入消费型社会，滨水区作为高价值地段的市场信号越发明显，灵江与灵湖一线的泛滨水地区成为城市建设重点，沿江展开的城市空间结构和形态特征逐渐显现。

苏州和临海的实例说明，抓住滨水区这样的城市内部空间结构要素，集中投资和建设，带动城市空间拓展或再开发，往往是最直接有效的方法。而这样的成功案例在国内外举不胜举。

3. 顺应"人"的价值回归

"上有天堂，下有苏杭；杭州有西湖，苏州有山塘"。这句民歌也反映出，作为"人间天堂"的代表，人们心目中苏杭两地的标志不谋而合地都与水相关。城市滨水区之所以能够雅俗共赏，不仅因为它有城市中最美的景致，还因为这里是组织城市生活的热点地区。城市滨水区提供了连续的开敞空间、良好的绿化景观，从而吸引人们开展丰富多彩的公共活动。滨水空间也因人的活动而变得更加精彩。金鸡湖边、钱塘江畔逐渐成为苏杭两座名城新的代表性城市景观。这两座名城，虽然城市规模和空间尺度不断扩大，但人们亲水的特性从未改变，滨水区始终吸引着人们的关注，代表着"天人合一"的理想人居环境。

4. 延续和发扬地方历史文化特色

台州市临海古城自宋熙宁四年（1071 年）修复城郭之后，西面、南面紧临宽阔的灵江，东临人工开挖的东湖与护城河，城市格局历经千年，基本延续至今。"古城七门，六门向水"说明滨水空间是城市活动最为密集的区域之一。现在，临海市将东部泄洪区疏浚为灵湖，建成与城市融为一体的风景区，未来结合沿江景观的建设，凝聚综合服务功能，将形成城市最具魅力的活力带。

国内外有很多的城市继承古制，并与现代城市滨水空间规划相结合的案例，收到了良好效果。

5. 带动城市生态修复

针对当前我国大多数城市滨水区生态系统退化的情况，借鉴国内外成功案例的经验，以城市滨水区建设支持和带动城市生态修复，主要体现在水质污染控制与生态系统修复两方面。

第一，城市水质污染物主要包括有机质、氮和磷等营养盐类、重金属离子、有毒化学药剂与病原菌类等。这些水质污染物通过水在城市中的流动，直接危害城市整体生态安全。可以在滨水区建设中，通过调整城市开发策略与整体规划布局，提高市政设施建设水平与管理水平，根据城市社会经济发展水平进行综合治理，使问题得到解决或缓解。

第二，以滨水区建设带动城市生态系统恢复，主要集中在堤岸、岸线景观、绿地系统等工程领域，相对其他生态子系统更易于操作。城市滨水区是典型的生态交错带，既有陆生环境与水生环境的交错，又有自然环境与人工环境的交错，而生态修复的目标并非一定要恢复自然水岸的原有生态系统。

目前生态修复的基本思路是根据地带性规律、生态演替及生态位原理选择适宜植物，构造种群和生态系统，实行土壤、植被与生物同步分级恢复，以逐步使生态系统恢复到一定的功能水平。同时，应该注意生态修复本身是一项综合考虑生态效益与社会效益、经济效益的系统工程，在具体项目中应将以上两个方面结合考虑。如果策略与措施得当，不仅可以进行生态修复，还能节约市政工程造价，同时建设生态旅游等综合开发项目，获得经济与社会效益，从而促进城市生态修复工作进入发展与保护的良性循环。

此外，国内外在以滨水区建设带动城市生态修复方面都已有大量成功案例，国外案例如：英国伦敦泰晤士河的港口区再建计划、利物浦滨水区的恢复与更新，美国圣莫尼卡和蒙特瑞尔的海滩重建、纽约滨水区的综合开发，澳大利亚悉尼达令湾的更新改造等；国内案例如：成都市府南河综合整治工程、上海市苏州河沿线综合整治、上海市西郊湿地生态修复工程等。

二、我国滨水区开发存在的问题

我国城市滨水区的开发历程几乎与发达国家相同。从洋务运动开始，工业化始于城市滨水区，工厂和工业都主要集中在城市滨水区。新中国成立以来，无论是计划经济时期，还是改革开放以后市场经济时代，城市滨水区都是工业集聚区。

到20世纪80年代末，随着工业化的迅速发展，城市改造逐步兴起，中心城区的滨水地带进入一个以更新再开发为主的阶段。但是，许多地区采取"大拆大建"、全部推倒重来的方式，城市滨水区的老问题没有解决，又出现了新的问题。主要表现在：一是用地功能混杂。由于规划滞后，各地块独立开发，缺乏有机联系，新建项目与老旧企业并存，工厂、码头、商务办公和住宅混杂城市布置，公共活动空间不足，高楼大厦造成视线不通畅、空间轮廓线平淡，抢景败景现象严重。二是特色文化的失落。滨水区往往是城市发展的源头，是城市发展和特色形成的基础，同时也是城市文化得以融合和沉淀的主要场所。然而，由于众多文化场景的逐渐衰落，甚至遭受破坏而不复存在，人们已很难再追寻到历史文化的踪迹。三是生态环境的恶化。水质因污染长期不能得到很好的治理而受到严重破坏，石块和混凝土固化的立式驳岸使陆地植被和水生生物失去了生存的环境基础，生态环境遭到严重破坏。

20世纪90年代中期，随着中国经济社会的发展，以上海市为代表，滨水地区功能重构与空间重塑开始进行。我国城市兴起了滨水区再开发的热潮，涉及范围既有滨海、滨江的港口城市，也有内陆城市；既有处于江南水乡的城市，也有水资源相对短缺的北方城市；既有历来就以水景著称的城市，也有从未以水闻名的城市；既有千万人口的国际化大都市，也有数万人口的县级小城镇。众多城市滨水区的再开发，都借鉴了发达国家的经验。2000 年以后，城市化进程加快，城市建设跨越式发展，为了迎合地区空间迅速拓展以及改善滨水地区人居环境的需求，城市开始向水回归。

从宏观发展角度来讲，我国城市滨水区的建设成就举世瞩目，但就其建设品质而言，许多实践项目在规划设计层面仍需要再思考。例如，什么样布局形式的滨水区与城市整体功能分区、空间形态、交通系统、生态环境相匹配？滨水区高效、可持续的布局形式是怎样的？我们并没有系统诠释水与城市的内在关系，导致项目方案在规划设计时多以终极形态出现，规划缺乏长期性、综合性指引，而且其应对不确定情况的能力也不强，主要存在五方面问题：

一是缺乏整体性。城市滨水区在开发建设的过程中，缺乏整体规划，滨水区的开发目前主要存在以下两个方面的问题：第一，缺少从整体规划布局和城市设计出发的安排和控制，开发商各自为政，只考虑所属地块内的建筑形式和功能组合，忽略了对于用地范围以外的城市脉络以及相邻地块的开发情况。第二，滨水地段的土地因缺乏规划上的有力控制与引导，城市空间被围墙与栏杆分割得支离破碎，而相邻地块间的范围又成为无人管理的失落空间，破坏了城市空间的完整性、连续性。

二是开敞空间不连续。城市滨水区与城市其他开敞空间缺乏合理、富有生机的衔接和过渡，独立地在城市中扮演不同的角色，彼此割裂，不能形成完整的城市开敞空间体系；用地功能单一，缺乏各种功能空间的综合性组织和利用，无法满足社会活动的多样性和复杂性要求。

三是缺乏亲水性。许多城市滨水区开放空间并未向城市全面敞开。一方面缺乏足够的开敞面，许多高层建筑、城市滨水区的围墙阻碍了公众到达水边，而且建筑与高大的实心围墙也阻碍了人们的视线，在心理上造成与滨水区的分离。另一方面缺乏连贯而便捷的公共步行道与城市滨水区直接相连，公众的步行路线往往被机动车行道路截断。此外，由于防洪堤的抬高以及各码头的封闭管理，造成临水不见水的局面，阻碍了视线走廊，削弱了公众与水体的联系。

四是缺乏传统的延续。一方面，忽视地方特色。设计主题不明确，决策者往往采取国内外成功的城市滨水区开发的模式而忽略了当地特色，片面追求所谓现代化。结果是城市滨水区建设手法单一，面貌千篇一律，将现代化和民族文化、地方文化对立起来，而忽视了当地特色的体现，缺少了空间的可识别性。另一方面，忽视地域的历史背景。城市形态与城市文化之间有一种相对应的关系。任何一种城市形态都不仅仅是空间的概念，它是经文化长期积淀和作用而形成的。城市滨水区具有丰富的历史资源和文物古迹，有的开发项目对原有的历史文化的物质载体，如建筑物、历史遗迹等一律拆除而非修复，破坏和损毁了大量有价值的历史资料。更多的开发项目对现存的古建筑或景点不加考虑，任意在其附近大规模、大体量开发，不能融合地区特征，严重破坏了原有的滨水特色和轮廓，人为地割裂城市的空间形态。

五是重工程轻生态。河道治理着重水域本身的整治，重工程轻生态。出于水利的功能要求，在工程实践中对大量的弯曲河道裁弯取直，加深河槽并用混凝土块石加固河岸等，沿岸的水生湿生植被被迫向旱生转变，沿岸的鱼虾贝类、两栖动物失去生存的空间，严重破坏了城市滨水区的自然生态系统。

综上所述，我国城市滨水区的开发建设还处于成长阶段，树立正确的设计观念，探索城市滨水区的设计模式，具有非常重要的意义。城市滨水区的开发与建设不仅是城市建设用地性质和功能的变化，更为重要的是，要为城市建设出一个可供市民休憩、活动、娱乐的共享空间，为城市旅游开发提供可发展的特色空间。本书将探讨一定地域特征的城市滨水区在规划设计阶段的理论与方法，探索一套既能保护城市生态环境、弘扬城市历史文脉，又符合大众审美理念、满足人们心理需求的城市滨水区规划设计的理论与方法。

三、主要研究内容及方法

（一）研究内容

1. 基于水城融合的城市滨水区开发相关理论研究

当下，"三生融合"理论视角下城市滨水区的设计方法和策略相对缺乏。从理论上来说，我国目前关于城市滨水区的相关研究有很多，但是主要集中在滨水景观、小品设计和园林植物等方面，关于滨水区空间的水城融合、"三生融合"、低碳开发及相关空间设计内容较少，本书尝试运用"三生融合"理论，引申出适用于城市滨水区开发设计的方法和策略，并有针对性地解决当前城市滨水区设计中存在的某些问题。

2. 国内外城市滨水区开发建设优秀案例研究

本书从生态学思想的基础理论研究出发，通过对城市滨水区开发的国内外成功案例研究，分析当代城市滨水地区面临的问题和挑战、总结城市滨水区规划建设的成功经验、梳理适合城市滨水区布局发展的产业体系并提炼以城促产、产城融合的发展路径，为促进城市滨水区可持续发展、保障城市整体长远利益夯实基础。

3. 基于水城融合的城市滨水区规划策略与方法研究

本书基于水城融合、低影响开发、可持续发展、绿色低碳等理念，对城市滨水区的水系布局、水体功能、岸线分配、潮汐弹性空间利用等方面进行方法和策略研究。结合上述研究内容进行案例分析，实践和验证规划理念、策略与方法的可行性。在此基础上，通过对城市滨水区要素的科学理性的分析，对更新规划与设计以及更新实施过程与控制的探讨，提出城市滨水区更新的城市设计策略。当然，由于城市滨水区自身的复杂性和差异性，本书并不期望提出一个放之四海而皆准的设计方法，而是着力探讨那些具有普遍代表性的观念、原则及手段。

（二）研究方法

第一，文献查阅法。文献查阅主要包括两大部分内容。一是公开出版的城市统计年鉴和不同时期的地方志。这些文献及统计资料信息量大、覆盖范围广，通过对这些相关文献、统计资料的查阅，能快速掌握一个城市的整体状况。二是相关国内外文献资料。通过学习已有的研究成果，梳理相关理论脉络，找寻研究方向，文献中的实例也可作为本书分析的实证。

第二，归纳总结法。通过历年来的工作实践和理论知识的学习，归纳国内外滨水景观的现状和存在的问题，总结出城市滨水景观的理念和设计模式。

第三，综合研究法。由于滨水景观规划是一门综合学科，所以必须从城市滨水区建设的需要出发，结合城市水文、城市设计、景观生态学、建筑设计等学科的有关研究成果，采取一套综合的方法，优化整合各个要素，研究城市滨水规划设计方法。

第四，实证分析法。本书以国外、国内、浙江省、杭州市滨水区的综合开发规划实践为例进行具体分析，加强研究结论的实用性，为城市滨水区规划设计方法的建构提供了有力支持。

第五，专家调研。听取各相关领域专家汇报，总结吸收专家的观点和意见。

四、研究目的与意义

（一）研究前提

工业化时期以生产型社会为主要社会形态，我国大多数城市刚刚或正在经历这一阶段。这时城市滨水区的价值被严重低估，功能衰退、空间封闭、交通不便、特色丧失，规划设计忽略人的感受，城市滨水区日渐衰落。随着消费型社会逐步形成，很多城市逐渐意识到城市滨水区开发建设的巨大价值。在以城市滨水区建设为代表的新一轮城市大开发或再开发过程中，只有明确城市滨水区在当前发展阶段的重要意义，才能制定适宜的开发策略，正确引导规划设计和开发建设。因此，评判各地正如火如荼展开的众多城市滨水区开发建设项目，至少应有以下五项标准：

第一，多大程度上促进了城市经济的再生产？即是否以最优的方式发挥了城市滨水区特有的经济价值，这需要从城市范围而非规划范围本身加以评判。

第二，多大程度上促进了城市空间的再生产？城市滨水区建设是带动城市空间结构调整的重要切入点，因此要联系城市整体空间和各支撑系统，而不能孤立地讨论滨水区。

第三，多大程度上促进了城市人的体验再生产？滨水区是日常城市生活的重要空间载体，应以"人"的感知和使用为基本出发点，来评判城市滨水区建设促成"人"的身心获益的效果。

第四，多大程度上促进了城市文化的再生产？城市滨水区是延续城市记忆、发扬地方文化特色的重要空间载体，城市滨水区的建设水平与特色极大地影响了城市的整体文化品位。

第五，多大程度上促进了城市生态的再生产？水是城市生态系统中至关重要的环节，好的城市滨水区建设应对强化水环境的生态安全与健康作出积极贡献。

（二）研究目的

在我国，随着城市建设的发展，房地产业升温，滨水地区以其优越的地理环境和潜在的升值空间成为城市开发建设的热点。但是，城市滨水区的低水平、高强度、掠夺性、粗放型的开发建设，不仅浪费了有限的资金，还破坏了城市滨水区宝贵的自然与人文资源，严重威胁城市滨水区生态平衡，甚至造成了严重的城市生态问题。由于认识上的局限性，我国目前多数城市在整治滨水地区景观时，仅侧重于某些功利价值，如防洪、水运、灌溉等，将城市滨水区的环境作为工程实体而非城市公共空间来看待，较少考虑人的心理和生理需求。

针对滨水空间自然、社会、经济等领域的矛盾，国内外进行了大量的理论研究和实践总结。许多专家、学者已认识到解决城市滨水区生态问题的重要性，对其进行了各方面的研究，取得了一定的成果和经验。但是，在理论研究方面，总是缺乏系统性、全面性，相关结论一般比较含糊、单薄。在规划实践方面，缺乏理性和可操作性，应用的规划策略和方法缺乏针对性，经常顾此失彼。这进一步导致作为城市滨水区开发建设与管理依据的城市滨水区规划严重滞后，不仅缺乏整体发展策略与控制，而且往往重形象塑造，轻生态保护。

一方面，城市滨水区的开发利用缺乏统筹安排，功能分区不合理，生活岸线短缺，仅仅针对开发地块进行规划设计和"项目接着项目"随机式地开发建设，导致了沿岸地区缺乏有机联系、配套设施自成一套、滨水公共空间"私有化"等问题，降低了城市滨水区的整体价值，且易造成开发与管理失控的局面。

另一方面，不合理的高强度开发建设方式、盲目裁弯取直的洪水控制手段、一味追求形式美的景观设计手法等，都使河流和滨水区自然过程遭受了不同程度的破坏，多数城市滨水区规划仅注重和强调城市滨水区的景观设计和形象塑造，而忽视了城市滨水区特定自然环境和生态条件的保护与利用。

因此，树立正确的设计观念，探索城市滨水区的设计模式，具有非常重要的意义。本书在分析城市滨水区规划理论研究进展的基础上，提出以生态原理、形态原理、文态原理、心态原理作为城市滨水区规划设计的基本原理，在城市滨水区建设生态多样、格局稳定、形态格局优美、文态格局丰富、心态格局安全的可持续发展的人居环境。本书试图就此问题进行系统化的研究，旨在寻求一条保护滨水生态、发展滨水经济、提升城市滨水区人文环境以及促进城市滨水区可持续发展的科学规划之路。

（三）研究意义

绿色发展、低碳发展、可持续发展等环保发展理念已成为 21 世纪十分重要的命题和各国关注的焦点。在我国，快速的城市化和大规模的开发建设使城市生态环境面临着前所未有的严峻考验，对于生态脆弱的城市滨水区更是如此。因此，在我国经济和城市化快速发展的宏观背景下，为使城市滨水区能够适应人居环境建设和社会经济发展的需求，避免城市滨水区自然环境和人文环境被再度破坏，本书以城市滨水区综合开发为系统性研究对象，为城市规划的政府决策部门和规划设计人员提供更为节能和科学的参考和依据。

1. 城市滨水区规划设计理论价值

城市滨水区的设计理念缺乏与其他领域的理念结合，尤其是与生产、生活两大城市功能主体缺乏联系。我国城市滨水区规划设计已经发展了一段时间，相关的理论研究已卓有成效，但是对于滨水区规划设计所面临的问题往往就事论事，缺乏与现有完整理论结合，对应的策略与方法研究也稍显不足，缺失理论层面的系统分析不利于城市滨水区的系统发展。因此，本书希望通过对国内外相关滨水区设计的经验及问题探讨，充分学习优秀案例的成功经验，分析城市滨水区设计的影响因素，从而提出一定的设计策略，对今后城市滨水区设计提供参考建议和借鉴价值。

2. 城市滨水区规划设计实践价值

从实践意义上看，城市滨水区的低碳设计符合当今城市化发展对能源利用的时代需求，其相关观点包含了城市滨水区作为城市基本构成空间、自然景观集中区域、城市文化风貌载体、节能减排的实际空间运用整合等核心观点，且顺应了人们对于提升城市绿色生态品质、减少能源浪费的需求，有利于完善城市肌理、保留城市的本土记忆，对于提升城市认知和城市识别性，更好地完成我国城市化进程具有强烈的针对性和不可或缺性。

五、研究架构

本书研究架构如图 1-1 所示。

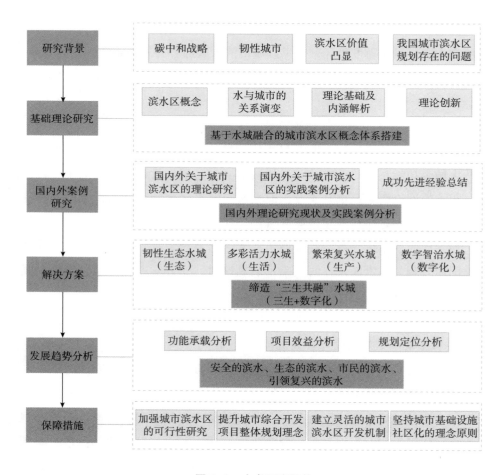

图 1-1　本书研究架构

第二章

基于水城融合的城市滨水区概念体系搭建

一、什么是城市滨水区

（一）城市滨水区的概念及基本特征

1. 城市滨水区的概念

城市滨水区（waterfront）是城市中陆域与水域相连的特定空间地段，系指"与河流、湖泊、海洋毗邻的土地或建筑，亦即城镇邻近水体的部分"。空间范围包括 200~300 米的水域空间及与之相邻的城市陆域空间，其对人的诱致距离为 1~2 千米，相当于步行 15~30 分钟的距离范围。城市滨水区是以城市水体为中心，包含滨水区物质空间、社会空间、自然景观、历史文化等要素，由自然生态系统和人工建设系统共同构成的大型公共开放空间，是居民日常休闲空间、历史人文积淀区、商业贸易区以及展示城市形象的重要窗口。城市滨水区大致可以划分为开发型、保护型和再开发型三种建设类型，开发型城市滨水区是将城市土地从其他用途转化为城市滨水区建设用地；保护型城市滨水区主要是针对至今仍存在的具有一定历史价值的城市滨水区，通过修缮等保护措施，来维持现有的整体格局、建筑特色和历史风貌；再开发型城市滨水区则是指对原有城市滨水区环境的重建或在其原有功能的基础上进行变更再利用。

2. 城市滨水区的基本特征

（1）自然生态性

城市滨水区和水系所构成的复合生态结构在一定程度上能够改善城市大气质量，缓解城市热岛效应，对城市生态环境起到重要调节作用。就生态环境保护层面而言，城市滨水区不仅属于人类，也属于滨水而栖的野生动植物，在保护好城市滨水区生态环境的前提下，在城市滨水区开发过程中需做到社会效益、经济效益和生态效益的统一，将滨水区的开发控制在对环境最小负面影响的程度。

（2）复合性和多元性

作为城市中人口流动高频区，城市滨水区也是人力因素与自然因素相互作用而形成的大型公共开放空间，其承担的功能必然是多种多样的，包含商业贸易、社交互动、娱乐休闲等功能，复合型功能可以提高城市滨水区公共设施的利用率，增强城市滨水区活力。滨水空间同城市其他公共空间相互渗透融合，尚无明确规定的边界，这种边界模糊性使城市滨水区成为城市中有助于人们交流往来的公共场所。

（3）公益性和开放性

城市滨水区目前开发模式是"政府主导开发，企业入驻，居民获利"。城市滨水区拥有大量向全体市民开放的公共空间，配备有各类公共设施，能够达到空间畅通、滨水共享、免费体验的目标，从真正意义上确保公众享受滨水空间权益，实现滨水空间资源共享。

（4）文化延续性

城市滨水区既是对传统文化的延续，也是传统空间肌理的另一种表达，城市滨水区的整体形象并不单单取决于建筑、景观以及公共设施等，要在规划开发的过程中融入地域文化的特征，赋予滨水景观以最独特的魅力，城市滨水区就是对历史文化和现代经济发展的共同表达。

（二）城市滨水区对城市发展的价值

河流是城市赖以生存的基础，也是城市生态系统得以构成的基础。城市因河流而生，文明随城市而兴。城市滨水区往往是一个城市发展的初始区域，具有深厚的文化底蕴和丰富的物质文明。世界上所能延续的文明基本上都是一种"滨水文化"，既包括"江河文明"，也包括"海洋文明"。中国夏商周文明（黄河流域）、美索不达米亚文明（底格里斯河与幼发拉底河的两河流域）、古埃及文明（尼罗河流域）、哈拉巴文化（印度河流域）以及爱琴文明（环爱琴海地区），最初的人类五大古文明都是基于大河流域发展而来。

"得水而兴，废水而衰"在古代城市中表现得尤为明显，如我国历代古都名城西安、洛阳、杭州、南京等，多依水而建。而世界上许多著名城市也与水有着亲密关系，如英国与泰晤士河、巴黎与塞纳河、威尼斯与威尼斯大运河等。因此，城市滨水区不仅蕴含着城市发展的历史脉络，也逐渐成为展现城市风貌与个性的重要载体，凝聚了城市居民的精神归属感和场所认同感。这种超越了自然因素和物质意义的精神象征，也成了滨水区对于城市具有独特意义的来源。

汉代及之前的城市依水而建，主要解决农业灌溉、居民用水和加强都城防御的问题。在这个时期，避水祸是城市的第一要务，对于河流的利用程度不高，城市与河流的关系也并不密切。秦汉时期郑国渠、漕渠的开挖，极大地提高了河流农业灌溉、运输粮食、供应用水与调剂水量的功能，促进各地区之间的商业交流与贸易往来，城市滨水区初见端倪，沿江河地区逐渐形成一些商业都市，并一跃成为当时的繁华地区。

隋唐之间，随着城市规模扩张、人口规模日益膨胀，原有的物资供给已无法满足城市需求。隋唐大运河的开凿，北至涿郡（现北京）、南接江淮，沟通南北，促进全国经济的发展，为运河沿线城市的兴起提供契机（如杭州、苏州等），为大唐的百年盛世奠定基础。南北水运系统的形成，同时促进着城市滨水区的繁荣，城市滨水区开始具备风景名胜、餐饮住宿、商业贸易、货物输送等功能。后周世宗柴荣扩建与管理汴州所下的诏书，可谓是世界上第一个具有现代城市规划意义的法规。

由于后周对河道的疏通以及周围滨水区的开发，两宋年间，大量物资沿河道输送，城市河道作为城市区划和发展的主导因素，引导城市建设与开发方向，各类城市商业贸易等活动沿河展开，张择端的《清明上河图》便切实地反映汴河滨水区商业贸易往来的热闹景象。张择端另一幅《金明池争标图》反映城市滨水区用于市民休闲、园林景观营造的场景。自两宋起城市滨水区功能开始出现集聚与分化现象：一方面，城市滨水区的综合开发正在加强，滨水区商业贸易、居住、观赏游玩等功能进一步凸显；另一方面，部分城市滨水区的主功能作用也在日益增强，例如：滨水货运码头、商业贸易区、景观园林、市民休闲场所等。

"虽为人作，宛自天开"的城市景观相和谐在元代已然实现，元代水系改造先于城市建设，在维持河道漕运功能的基础上，强化河道用于农业灌溉与景观营造的功能，营造出"绿水绕城、万商皆聚"的城市滨水区，以水系带动城市发展。明清时期滨水区景观功能逐渐增强，但主要服务于皇室、世家与名仕等群体，未能发挥滨水区的真正价值。总体而言，城市滨水区经过漫长的发展，从水城分离到水城相融，成为城市生活的重要空间载体，其功能体系已基本成形。但由于当时社会环境、生产力与交通运输等条件的影响，城市滨水区的辐射区域仍然有限。

真正意义上的城市滨水区开发还要从近代的洋务运动开始，城市依托自身港口、水系优势，从城市滨水区开始工业化进程，城市滨水区成为工业、港口聚集区。但随着多样化交通方式的出现以及城市产业结构的调整，城市滨水区的经济价值被削弱，不再是各类经济要素依附的主要载体，城市滨水区一度进入荒废时期。我国在改革开放以后，随着市场化进程的深入、中央及地方的税制改革，中国城市在治理方式上也发生类似的转变，城市经营理念得到地方政府的广泛响应。地方政府放弃过往的福利主义原则，转而通过提高城市竞争力吸引外来投资，以促进经济增长。政府像管理企业一般对城市的各类资源进行管理，如对土地、水体、市政设施等进行运作，使政府财政盈利，继而实现城市发展投入和产出的良性循环，空间已成为政府进行城市管理运营的资源和手段，大部分地方城市政府已深度介入城市空间的发展实践中。

既然空间是资源，是生产要素，那么城市滨水空间无疑是备受各方利益主体关注的优质资源。与一般的城市开发相较，城市滨水土地更新和开发的难点在于平衡空间的公共性和商业性两种属性，即一方面城市水体是属于全体市民的公共财产，滨水空间有公共属性；另一方面滨水土地作为可经营的优质空间资产，对资本有强吸引力，容易通过价值交换被商业化或私有化，后者已被事实证明。过去 20 多年房地产产业持续升温，加速了滨水空间的商业化运作，在中国许多滨水城市中，都不同程度地存在滨水街区，特别是滨水封闭式住区将水岸线纳入住区内部，从而损害滨水空间公共性的现象，值得庆幸的是这种不良现象正在得到纠偏。因此在维护滨水资源公共性这一问题上，将滨水岸线与滨水土地打包出售，以获得一次性收益的做法正在减少，更加精明的滨水土地开发策略正在增加。在城市规划的过程中，要意识到滨水公共空间在完全市场原则下不可能保证充分供给，政府要承担起滨水公共空间的开发，通过旧城改造、新城规划、河道整治工程等方式将大量滨水空间中最为珍贵的临水部分转化为公共属性用地，如城市公共绿地，以保护滨水岸线的公共性，同时，又将滨水公地和水体共同打包为更好的景观资源，让毗邻滨水景观的土地显示出"独特性"。滨水土地由于有了滨水公共空间的存在提升了价值。

（三）滨水城市的分类

1. 根据水体与城市的位置关系分类

（1）水体位于城市边缘

这类滨水城市通常出现于城市发展的相对早期阶段，或者是因为地理条件的限制，城市只能集中在河流或湖泊一侧发展，但是随着城市滨水区的扩张，城市都将跨过水流，形成在水体两岸共同发展的格局。也有滨水城市因河流走势等原因，为了防范洪涝、泥石流等自然灾害，远离主河道发展，因而城市始终出现没有在水体两岸发展的情况，而是远离水体，这类城市水体所承载的功能较少，例如河南郑州（余小虎，2007）。

（2）水体贯穿城市核心区域

在滨水城市的整个发展进程中，城市突破了水体原有的自然界限，在水体两岸先后进行城市开发建设，形成了水体贯穿整个城市的空间关系。在这类滨水城市中，水体与城市文化空间、经济发展、景观生态与城市建设的联系更加紧密。例如，南昌市经历了从单一层次的依江发展到多层次开发的拥江发展空间结构重组。南昌市的主要河流——赣江就贯穿于旧城区与城市新区——红谷滩区之间，为城市滨水地带的经济发展带来了巨大潜力（吴韶宸，2008）。

（3）水体围绕城市发展

这类滨水城市通常是由古代城防体系演化而来的，古代城市通常择水而居，利用城市周边的天然河流，通过建设人工码头、开凿人工运河的方式，形成为城市输送货物的运河以及保护城市的护城河。这类滨水文化景观如果能够保留至今，就会成为滨水城市的一大特色景观。例如，四川成都在唐朝扩大了城市版图之后，将郫江改由城北外缘汇入检江，形成了独特的"两江环抱"滨水城市发展格局。

（4）水体穿透于城市之中

在历史悠久的滨水城市之中，水体与城市实现了和谐共生、紧密相依的关系，滨水城市在中，河道纵横、水系密布、水网发达。滨水城市正是得益于密布的水体才拥有了畅通的货运通道。但是在城市新的发展过程中，又会因为水系密布而让城市扩张处处受制。因而这类滨水城市往往难以出现现代化的大都市。例如，意大利威尼斯和江南水乡，其中尤以威尼斯的情况最为典型。

2. 按水位动态变化的特点分类

第一，在四季变化中，有一类滨水城市，其水体无论是枯水期还是丰水期，水体长期保持在正常水位，且水位与岸面之间具有较大的高差。这类滨水城市多位于河流的中上游位置，而周边地形多为丘陵、山地。例如重庆。

第二，水体枯水期与丰水期的水位差异较大，水体在枯水期时，其水位与岸面有较大高差。但在丰水期，其水位接近岸面，高差较小。这类滨水城市多位于江河中游，例如武汉市位于长江中游地带。

第三，水体无论是在枯水期还是丰水期，其水位长期保持在接近岸面的状态，这类滨水城市大多位于河流下游的入海口处，地形大多平坦、宽阔，例如上海市。

二、水体与城市关系的演变历程

随着工业化和现代化进程的加速，许多城市的滨水区面临转型升级，而不恰当的更新设计也引发了一系列社会问题。如何通过科学的规划设计策略介入滨水区域更新，延续城市的历史文脉，实现新时代的"水城融合"图景成为当务之急。"水城融合"理念深刻体现了水体与城市之间的关系演变过程，大致经历了从"水城分离"到"水城共存""水城共生"最后再到"水城融合"。

（一）"水城分离"

"水城分离"的出现，是因为在滨水城市发展过程中，忽视了水体与城市的中间地带，继而引发城市滨水区功能单一、水体与城市发展相背离的现象。

水体能够以其所具备的高景观价值，为周边的土地资源开发带来最直接可观的利润空间上升。在城市滨水区开发的过程中，其用地的划分，通常以土地资源的最优配置为依据。城市滨水区用地商业化、地产化、产业化的现象频频出现，造成了城市水区功能的单一化，进而将水体与城市功能系统分离开来。同时，原有的城市滨水区，其岸线开发存在功能单一化、缺少公共休闲空间、商业化设施过多等缺点，更加难以展示出滨水城市本该具有的良好城市文化、城市景观和城市形象，这种水体开发与城市经济发展相背离的现象，根本无法满足城市经济高质量发展、社会活动多样性和复杂化的需求（刘博敏等，2018）。

从古至今，大到城市建设，小到园林景观营造，风水学始终贯穿于这些过程。"风水"更是被英国著名的科学史学家李约瑟评价为是中国古代的景观建筑学。他认为"风水"是基于中国古代宇宙观的传统环境哲学。在"风水"文化中，选址是人们首要考虑的环境因素。风水流派"形势宗"更是非常注重自然地理的影响，包括生态、景观等因素的考量、审辨、选择以及选择应对的处理方法。此外，"形势宗"还在古代的山地、丘陵等地区的城市、城镇聚落选址与营造中发挥了非常重要的作用。正如《管子·乘马》中所说的那样："凡立国都，非于大山之下，必于广川之上，高毋近旱，而水用足；下毋近水，而沟防省。"

公元前361年，周朝巴国于此建国。阆中四面环山，三面临水，就是典型的理想风水格局。选址营造融"山、水、城"为一体，充分体现了"天人合一""度地卜食""涉险防卫""依山傍水""择中观"以及"水陆交通要冲"等城市规划思想和传统风水要求。由于农耕时代的社会生产力和工程技术水平较为薄弱，古代先民对于水的利用主要集中在农业生产、物资运输和满足生存需求等方面。在这一时期，"离"的观念成为古代风水文化中"水城关系"的主要策略：通过城镇的选址，利用自然条件来回避水体可能会对城镇空间所产生的不良因素影响。从本质上来说，"离"的策略是一种保守的"排除"治理思想，即将不需要的、重要程度并不突出、有可能带来自然灾害的"水体"，排除在了城镇空间之外。在这种秉持"离"策略的水城关系下，水城之间的高差和界限比较明显，虽然水城出现了分离的局面，但是却有效地避免了洪涝等灾害对城镇居民生产、生活空间的影响（廖凯、杨云樵，2021）。

（二）"水城共存"

水网城市，即"水城共存"的水体与城市关系相较于"水城分离"有了比较大的改变，这是因为水体空间和城市空间之间的间隔并置，即水体与城市在平面上呈现出了网格化的特征。城市空间的策略，也可看作对水体空间的监视：通过观察监视水体空间中雨洪的流向，合理布置城市空间，以保障极端雨洪条件下城镇的排水。城市空间的水城关系显然更有利于太湖流域的城镇抵抗雨洪，与此同时，水街水网的设计，既使水体不仅与城市生产紧密结合，也与城市生活紧密结合在一起。

以苏州为例，苏州古城是我国典型的水网城市，据历史记载，春秋时代，吴王命伍子胥筑城而来。苏州古城既是一种理想的水网模型，也是一个"水城共存"的典型实践案例。留存至今的 1229 年（南宋绍定二年）平江府图碑，是我国现存最早、最详细准确的城市平面图，宋平江府城作为古代滨水城市的典范，据《苏州府志》记载，自西汉至清的 2000 余年中，苏州城仅出现七次洪涝：唐朝以前五次，宋朝时仅有两次洪涝灾害，从 1223 年（宋嘉定十六年）以后，到清朝末年的 700 多年里，再未有过一次洪灾记录。太湖平原历史上就是洪涝灾害多发区，整体区域年降水量接近 1200 毫米。本身降水量就多的同时，还得面对长江上游汹涌而来的洪水。从地理区位上来说，苏州古城地处太湖平原，西接太湖，地势低平，北达长江，雨季降雨量非常大，极易形成内涝。面对这样的困境，如何实现高效的排水速度和消纳滞蓄十分重要。一方面，阻隔在苏州古城与太湖之间的丘陵地带，能够在一定程度上抵挡住太湖洪水的来袭。另一方面，苏州现存有记载的历史最高水位是 1954 年的 4.37 米，而古城的城内标高在 4.245 米（吴淞标高）左右，普遍高于苏州一般年份的洪水水位，能够阻挡大部分洪水。从城镇空间形态上看，苏州市水陆平行、前街后河、河街相邻的双棋盘式城市空间格局以及"六纵十四横加两环"的河道水系促进了雨洪的排出速度。苏州城内的河道长 80 余千米，桥梁 359 座，坑塘水体因地制宜地顺应了地势和排水路径，其形成的"消纳设施、渗透设施"均匀分布在苏州古城街区当中，发挥了排水防涝的功能，起到了分散消纳和分区存蓄的效果。苏州市将河网和道路系统巧妙地结合起来形成了具备多功能的水街，综合解决了城市供水、排水、景观审美、消防、交通运输、微气候调节等的问题，是中国古代乃至当前的城市规划和建设杰作。苏州市通过建设技术、适水规划与周期性水涝之间的反复作用以及具体实践的适应性学习，提升了苏州市的雨洪韧性，从而为当前雨洪韧性城市的设计提供了宝贵的经验（廖凯等，2021）。

（三）"水城共生"

1061 年，沈括在《万春圩图记》中记载道："江南大都皆山地，可耕之土皆下湿厌水，濒江规其地以堤，而艺其中，谓之圩。"这句话的意思是古代先民开垦圩田的过程，是在把低洼处的水流塑造成秩序井然、外高内低的水系网络，与滨水土地融合形成可种植、可建设用地的过程。1813 年（清嘉庆十八年），孙峻在《筑圩图说》当中总结了历史上筑圩修圩的技术经验，他集中地论述了太湖流域治理中青浦地区的"仰盂圩"技术经验，对于水网圩区建设和治理圩田城镇、防涝抗旱具有重要指导意义。《筑圩图说》介绍了八种圩田建造的模式：圩形如釜图，有塘有抢、水淹易施戽救图，有塘无抢、水淹难施戽救图，水潦无虞图，小圩围畔图，上塘下塘图，外塘里塘图，未经疏凿图。策略有三：第一，全圩外围修筑坚实塘岸，抵御外水入侵；第二，按照地势高低分级修筑界岸，实现"高低分治""梯级控制"；每级圩田内分区分格修小塍岸，以致排灌自如，水不乱行；第三，分级分区排水，高水高排，低水低排，上塍区开挖排水沟"倒拔中塍水"，圩心开浚沼直通外河"疏消下塍水"。从地形地势上看，仰盂圩四周高中间低、覆盆圩中间高四周低、倾斜圩半边高半边低。其中仰盂圩地势低洼凹陷，排水抗涝问题最复杂，尤其圩心的"祸底田"高水下压，渍涝压力最大。"筑堤围田"是长江中下游圩田型城镇的典型空间结构形态，实现了疏浚排水，将低洼的洪泛区、沼泽区等不适宜人类居住的地理环境开拓改造成农田和建设用地，提高农作物的种植产量，在满足了百姓衣食住行需求的同时，保护城镇免于洪涝灾害。

长江中下游的安徽、江西、江苏等省份所具有的圩田型城镇也非常多，蜂窝格构状的圩田格局构成了壮观的大地肌理。很多地方志将"圩"作为地理疆域构成和社会组织的基本单位，从某种意义上看，一个圩区也是一个水利社区。随着圩区人口的增加，位于圩田高地上的聚落会沿着区域内河生长，这些聚落甚至街道，常以河、港、滨、渡、汇、淡、荡、埠等命名。圩田城镇水体与城市的关系重点体现在可对水资源灵活调配，完善的水系网络有很强的滞洪排涝灌溉功能，同时圩田作为次生湿地，生物多样性丰富。

　　圩田城镇将"城空间"与"水空间"更加有机地结合在一起，两者在三维空间里更加复杂地结合，呈现出"合"而不同的空间结构。"合"的策略，可以看作对"水空间"的"规训"：在生产空间通过对水的引导布置，高效地灌溉农业，生活空间里，通过对"水空间"形态的塑造，为村镇生活创造出特有文化的公共空间；生态空间里，通过多层次水网形成的湿地，为物种多样性提供了依存的土壤。"合"的水城关系提出了对"水空间"更加精细化的理解和控制，不仅可以缓解水可能给城镇带来的灾害，而且也极大利用了水体泽润城镇的"三生空间"。但值得注意的是，由于"合"是"水空间"与"城空间"紧密相连的强相关类型，当"水空间"的负载超出了当前工程技术控制的阈值时，城镇依然无法避免雨洪灾害（廖凯等，2021）。

（四）"水城融合"

　　水体在城市发展之初承担着河道运输的交通功能，水体作为城市的基础性设施对其社会、政治、经济、人口等的发展产生了巨大的推动作用，水体联通城市各个区域，让区域之间的各种要素得以充分流动。当今的城市发展也仍将水体作为水源、交通运输、经济发展以及生态景观营造等多元化复合功能的基础载体。水体与城市之间的中间地带是决定水与城发展模式的重要因素。不同于自然形成的水系绿地，水体与城市之间的中间地带除了拥有其本身所具有的自然功能属性以外，还得承载一定的城市功能，例如生态调节、经济发展、公共休闲等功能，而中间地带也通常会成为城市社会、政治、经济发展的重要标志。倘若只重视水系的生态功能或是单独重视城市效益，却忽视了城市中间地带的发展，则会导致"水城分离"现象的出现。但如果双管齐下，一同重视城市与水体之间的中间地带，实现水体与城市双赢发展，这种发展模式就可以理解为"水城融合"发展模式。其实现基础是水体生态网络的系统连接，关键是水体与城市功能效益的双向互动，其保障是民众对生态空间的监督，其最终目标是实现"水"与"人"的互动双赢，实现"生态、生产、生活"三位一体的水城融合发展模式。

另外，城市滨水区的工程技术迭代，为"水空间"和"城空间"的融合提供了更多的可能性。工程技术推动水城关系的协同发展。通过对"风水"城镇、"水网"城镇和"圩田"城镇的空间结构梳理，进而发现这三类中国历史上不同时期的理想城镇之间有一种演变趋势：水体对于城镇可能存在的威胁，在空间结构上越来越明显。除了平面关系的复杂化，剖面上从"离"到"合"的水城关系高差变化、水位的不断上升更能反映这一趋势。另一方面，"城空间"对于"水空间"的利用也越来越深入。"水空间"渗透了城镇生产、生活和生态的方方面面，造成这一趋势的原因，大致有以下两点：一是工业社会以前，在各种因素交织的背景下，城镇选址的自由度受到各方因素的干扰，但移址又面临着需要花费巨大人力、财力的窘境。二是随着社会治理的发展，新建设完成的城镇对于水体的需求和依赖程度越来越高；而工程技术的发展则为水城关系的复杂化提供了可能性，能够支撑城镇居民运用各类工具来改造水体。

三、水城融合的理论支撑及内涵解析

（一）"三生融合"理论

"三生空间"的概念源于 2015 年中央城市工作会议提出"统筹城市生产、生活、生态三大布局，提高城市宜居性"这一说法。总体来看，"三生空间"的提出是出于优化国土空间格局的考量，目的是加强、健全用途管制制度，最终提升城镇建设用地的利用效率。基于对可持续空间体系的发展诉求，"三生空间"的理论不断地完善与发展。随后，结构划分合理的"三生空间"逐渐成为城市各类规划实践的重要内容构成（李燕，2020）。"三生融合"理念可以说是对"产城融合"概念的延展与升级，是指产业发展与城市生活、生态环境之间有机融合之态，其实质是人本主义的回归。

"三生空间"城市滨水区规划是一个新的规划模式，指出应当在已有的各类总体规划、专项规划的基础上，按照生产、生活和生态三个类别进行重新整理，重新确定城市滨水区规划目标、规划方式和规划路径等。其规划的根本途径就是要牢牢抓住三方面：第一，实现多部门整合。要充分协调好多个部门的视角，继而进行全方位分析。第二，实现多层次推进，因为"三生空间"的划定并不是一蹴而就的，要分层、分阶段地分步推进，循环动态地对其进行调整，避免造成过程中的不必要混乱。第三，实现多方法应用。多类用地、多样目标、多种规划的重新整合不能局限于通过某一种方法所得出的最终方案，而是要通过多方法、多方案、多角度的比对，来突出其方案制定的科学性、系统性与前瞻性。

"三生融合"理论上是"社会—经济—自然复合生态系统"理论与城乡规划实践相结合所衍生出的新形态，它解决了过去以生态学为根基的"社会—经济—自然复合生态系统"理论在规划实践中未能得到很好推广的难题。当然，当前社会认为的"三生融合"理论尚不完善，仍需融合多学科思想，不断充实（刘星光等，2016）。

（二）XOD 理论

根据联合国标准，广义的城市基础设施主要由三部分构成：一是包括公共工程、公共事业、交通设施等在内的经济基础设施；二是包括文化教育、医疗保健、幼儿托育等在内的社会基础设施；三是包括城市湿地公园、森林公园等在内的生态基础设施。罗斯托的经济发展阶段论证明，在城市发展的初级阶段，城市公共投资的重点是提供道路、运输、水电等必要的自然垄断产品，为城市生产企业创造条件，为居民生活提供便利；在城市发展进入成熟期以后，公共投资重点转向教育、文化、医疗等优效型公共物品（王国平，2017）。

"XOD 模式"是以城市基础设施为导向的城市空间开发模式，也可以说是 TOD 模式的拓展（南昌日报，2020）。根据基础设施的不同，可具体划分为 EOD 模式（Educational Facilities Oriented Development，以学校等教育设施为导向）、COD 模式（Cultural Facilities Oriented Development，以博物馆、图书馆、文化馆、歌舞剧院等文化设施为导向）、HOD 模式（Hospital Oriented Development，以医院等综合医疗设施为导向）、POD 模式（Park Oriented Development，以城市公园等生态设施为导向）、SOD 模式（Stadium and Gymnasium Oriented Development，以体育场馆等体育运动设施为导向）等。

以 POD 模式为例，杭州西溪国家湿地公园占地面积约 11 平方千米，在 2009 年被列入《中国国际重要湿地名录》。截至 2017 年，西溪国家湿地公园通过自主经营等模式，其年收入稳定在 3 亿元左右，取得了显著的社会效益、生态效益和经济效益。西溪国家湿地公园已然成为我国湿地保护和国家湿地公园建设的样板，通过成功实施 POD 模式，其周边土地实现了大幅增值，不但补贴了 150 多亿元的前期投入资金，还积累了大量资金用于其他项目的生态保护（南昌日报，2020）。

"XOD 模式"贯彻"精明增长""紧凑城市"理念，坚持集约发展，遵循"以人为本""效益统一""多规合一""优化布局""绿色发展"等城市规划建设的理念，通过规划引领，以空间规划为龙头，统筹生产、生活、生态三大布局，坚持实现与经济社会发展规划、土地利用规划、基础设施建设规划和环境保护规划的"五规合一"，能够切实提高城市发展的宜居性，从而推动城市发展由外延扩张式向内涵提升式转变（王国平，2017）。

加强城市基础设施建设功在当代，利在千秋。城市基础设施在增强城市综合承载能力、造福广大群众、提高以人为核心的新型城镇化质量的基础上，还能拉动城市有效投资和消费、扩大就业、促进节能减排、推动经济结构调整和发展方式转变，既能满足人们对美好生活的期待，也是实现发展成果共享的必然要求。随着城镇化进程的加快，城市基础设施建设的社会需求与当地财力不足之间的矛盾日益突出，资金投入不足，导致城市基础设施建设出现后劲乏力、城市综合承载能力水平不高的现象，甚至还出现了城市基础设施和公共服务设施严重滞后的现象，已成为影响和制约城镇化建设可持续性发展的一个重大瓶颈（王国平，2016）。

只有在坚持"XOD 模式"发展理念的基础上，形成对城市基础设施和城市土地进行一体化开发和利用的模式，畅通土地融资和城市基础设施投资之间自我强化的正反馈渠道，来通过城市基础设施的投入改善企业的生产环境和居民的生活质量，进而带动城市土地的增值，最终通过土地的增值反哺城市的发展，这样才能切实解决新型城镇化发展进程中"钱从哪里来"的根本性问题。坚持"XOD 模式"的发展理念，体现了对财政支出效益和从长远角度和整体角度考虑财政资金的利用效率的关注，既是财政本身可持续的基础和前提，也是财政可持续性的具体体现（董柏生、王国平，2017）。

（三）"PPP+POD"理论

党的十八届三中全会提出"建立透明规范的城市建设投融资机制，允许地方政府通过发债等多种方式拓宽城市建设融资渠道，允许社会资本通过特许经营等方式参与城市基础设施投资和运营"。2014 年 9 月，国务院出台《关于加强地方政府性债务管理的意见》，明确"鼓励社会资本通过特许经营等方式，参与城市基础设施等有一定收益的公益性事业投资和运营"。2015年 5 月，国务院办公厅转发《关于在公共服务领域推广政府和社会资本合作模式的指导意见》，要求"改革创新公共服务供给机制，大力推广政府和社会资本合作模式"。

在推进中国特色新型城镇化过程中，城市基础设施建设需要大量资金，这既要求公共财力充分挖潜加大投入，又意味着必须积极创新投融资机制。而探索应用"PPP（如 BOT）+XOD（如 TOD）"复合型新模式，以城市基础设施和城市土地一体化开发利用为理念，提高城市土地资产的附加值和出让效益，创新融资方式，拓宽融资渠道，鼓励社会资本特别是民间资本积极进入城市基础设施建设领域，是对"创新、协调、绿色、开放、共享"五大发展理念的贯彻落实，不仅有利于形成多元化、可持续的资金投入机制，激发市场主体活力和发展潜力，整合社会资源，盘活存量、用好增量，调结构、补短板，提升经济增长动力，而且有利于加快转变政府职能，实现政企分开、政事分开，充分发挥市场机制作用，提升公共服务的供给质量和效率，实现公共利益最大化（王国平，2016）。

在理念思路上，要以 XOD 模式为导向，以 PPP 模式为手段，将 PPP 模式作为城市基础设施供给侧结构性改革的重要组成部分，引导社会资本从交通拓展到教育、文化、医疗、体育、生态等城市基础设施。通过 XOD 模式，激发社会资本参与城市基础设施的热情；通过 PPP 模式，解决城市基础设施建设的投融资问题。双管齐下，相辅相成，从而真正破解中国特色新型城镇化建设"钱从哪里来"的难题。

（四）"金镶玉"开发模式理论

以往，城市滨水区大多被城市管理者视为"包袱"，其原因就是他们只看到保护城市滨水区是一种付出和负担，既没看到可以采取积极保护的方式，也没看到积极保护会产生巨大效益。在新的历史时期，我们要对城市基础设施的内涵与外延进行深刻分析。我们认为，城市滨水区综合保护工程是一项非常重要的城市基础设施建设，其重要性绝不亚于修路、架桥等其他城市基础设施建设工程。城市滨水区及周边地区之所以会吸引众多投资者，就是因为滨水区这一特殊的城市生态基础设施发挥了重大效益。

以杭州的西溪湿地综合保护工程为例：杭州西溪国家湿地公园自 2009 年7 月列入《中国国际重要湿地名录》以来，严格遵循《关于特别是作为水禽栖息地的国际重要湿地公约》，牢固确立"积极保护"理念，始终坚持"生态优先、最小干预、修旧如旧、注重文化、以人为本、可持续发展"六大原则，先后实施了西溪湿地综合保护一期、二期、三期工程，连续四次推出"新西溪"，建成了中国首个国家湿地公园，形成了湿地保护与利用的"西溪模式"（赵学儒等，2010）。通过成功实施"PPP+POD"复合模式已成为中国湿地保护和国家湿地公园建设的样板。

"PPP+POD"复合模式体现了"金镶玉"的开发理念，即以湿地公园为"玉"，以滨水土地为"金"，通过"赋金于玉"实现"金玉成碧"，形成一流的自然与人文生态、良好的人居环境与创业环境，带动湿地周边土地的大幅增值，进而实现湿地公园的可持续发展。从某种意义上说，西溪国家湿地公园就是一个特殊的旅游综合体。为此，杭州市在坚持"保护第一、最小干预"的前提下，把西溪国家湿地公园及周边地区打造成以湿地生态为基础，以人文生态为精髓，以休闲度假功能为主，集观光、餐饮、购物、文娱演出、文创、会展、企业集聚等多种功能于一体的国际旅游综合体，成为杭州市民和中外游客旅游休闲的好去处（刘想，2013）。

　　整个西溪湿地形成了一个"三明治式"结构：最里面的圈层是湿地保护区，面积占湿地总规划面积的80%；中间的圈层是湿地公园，这是人们可以游览、观赏的区域；最外面的圈层是旅游综合体，就是西溪湿地规划范围之外，位于湿地东南面的"西溪天堂"。至2022年西溪国家湿地公园的经营收入已超过西溪湿地的保护和管理经费。也就是说，西溪湿地的保护和管理经费将不会成为财政和纳税人的负担。

　　因此，在滨水区开发保护与利用上，经济效益、生态效益、社会效益应该统一，而不是对立。经济效益好了，生态效益与社会效益才能真正落到实处，生态保护与文化传承才能真正实现可持续，为民办好事、办实事才能真正办好、办实。杭州之所以敢投入巨资建设西溪湿地公园，就是因为对西溪国家湿地公园的经营有信心，看到了西溪湿地这一城市基础设施能带动整座城市的增值。

（五）"水城融合"的内涵解析

　　城市滨水公共空间是指城市中水域与陆地共同构成的向公众开放的城市空间环境与公共区域，它是与水体密切相关的自然要素、社会要素和空间要素的总和（李佳仪，2019）。因此，基于"水城融合"的城市滨水区规划设计，就是"三生融合"理念在城市滨水区发展进程中的体现。

1. 从生态角度解读

　　城市滨水公共空间连接了陆地与水域2个生态系统，由于2种生态环境的影响，使滨水区呈现出多样化的景观和生态环境。同时，滨水区承载着水土的保持以及水体的循环，而且还能够维持整个大气成分的稳定，同时还能够调控空气的湿度，以及减少污染等（陈勇，2014）。基于水城融合理念的城市滨水区规划，就是在设计中基于生态学的原理，通过运用对当地环境污染少的材料，提倡使用再生水等措施，实现环境恢复优化，使整个城市滨水区的生态系统协调发展，从而使城市走上可持续发展的道路。

2. 从生产角度解读

城市滨水公共空间是城市地方产业发展的催化剂，这是因为城市滨水区将城市的多种功能链接了起来。因此，城市水区的复兴与发展成为区域及城市复兴与发展的催化剂，往往能带动地方商业及旅游业的发展以及地方历史文化的复兴。基于水城融合理念的城市滨水区规划，主要是合理利用现有资源进行低成本设计，或者是注重低损耗使用可获得的自然清洁能源、找到合适的绿色的替代材料，降低维护成本，在管理中减少更新成本，维护现有资源，体现节能减排。

3. 从生活角度解读

城市滨水公共空间是重要的城市公共空间，其特定的空间形式会吸引特定的活动，高品质的城市滨水公共空间是市民公共生活的理想容器，市民公共生活又成为城市滨水的重要内容。基于水城融合理念的城市滨水区规划，认为注重人与自然和谐共生是社会的发展趋势，要坚持"以人为本"的设计原则。在设计中，合适的空间、环境、尺度、交通都是我们必须考虑的内容。同时，城市滨水空间也是当地人文文化、地域文化、社会文化的载体，应尊重当地文化，突出其原有场地的地域特色进行合理的开发，以尊重自然、尊重人类为原则，为满足各方面需要而进行的设计。

四、水城融合的理论创新
——城市生态类基础设施社区化

城市滨水区作为城市生态类资源，已经越来越受到各个城市的重视，其价值早已不言而喻。基于水城融合的城市滨水区规划建设，就如同城市的医院、学校、图书馆等基础设施一样，需要统筹考虑生产、生活、生态的平衡。

同时，又要防止因为过度投资导致的政府负债。因此，本书创新性地将城市生态类基础设施的规划建设理念，应用到城市滨水区的研究。

（一）城市生态类基础设施的概念

城市生态类基础设施是保障城市生态安全、提高城市生态品质、建设城市生态文明的基础，是城市湿地、绿地、地面及建筑物表面、资源和废弃物进出口以及交通和水系在生态系统尺度上的有机整合，能够为城市生产、生活提供必要的生态服务（赵丹、王如松，2014）。

生态基础设施（Ecological Infrastructure，EI）概念最早见于1984年联合国教科文组织"人与生物圈计划"（MAB）发布的研究报告，用于表示自然景观和腹地对城市的持久支持能力（孙焱、张述林，2009）。20世纪90年代以来，西方发达国家一些科学家和研究组织进一步丰富了生态基础设施概念的内涵，将生态基础设施分为生态斑块、廊道及基质三种要素，强调自然环境和生命支撑系统在城市土地利用规划（包括雨水花园、屋顶绿化和湿地等）以及促进环境健康方面的重要作用。在美国还出现了与生态基础设施相近的概念，即绿色基础设施（赵丹、王如松，2014）。该概念最初用于城市绿色空间和生态廊道的规划，后多用于生态雨水管理。当前绿色基础设施与生态基础设施两个概念所表达的含义已逐渐趋于一致（王春晓，2015）。

生态基础设施应包括流域汇水系统和城市排水系统、区域能源供给和光热耗散系统、城市土壤活力和土地渗滤系统、城市生态服务和生物多样性网络、城市物质代谢和循环系统、区域大气流场和下垫面格局等多个方面。通过城市的大气、岩石、水、生物、土壤五大生态要素的支撑能力，以及肾（湿地）、肺（绿地）、皮（地面及建筑物表面）、口（资源和废弃物进出口）、脉（交通和水系）五类生态设施的服务功能，维持城市生态系统的活力和可持续性。城市生态基础设施应当是肾、肺、皮、口、脉在生态系统尺度上的有机整合，为城市生产、生活提供必要的生态服务（赵丹、王如松，2014）。

城市生态类基础设施通常有三种层面：一是从区域的宏观层面来讲，这是一种关于城市生态安全格局的分析方法，为城市建设提供了具有可行性的最优化发展框架，确立城市土地保护、开发的最佳方案和建设政策。二是从城市的中观层面来讲，这是生态基础设施与城市绿地系统相结合，作为构建城市生态网络的途径，同时维护和修复城市中的自然景观形态。三是从场地的微观层面来讲，这是可持续生态系统的基础结构，是城市建设的必要组成部分，通过提供生态雨水设施、绿色交通基础设施（无机动车道或绿道）、废弃地修复等城市运行所需的功能配套和服务，满足人们对生产、生活、生态的需求①。

（二）生态类基础设施社区化与城市滨水区的关系

城市滨水区是城市生态类基础设施的重要元素，对于城市滨水区的空间开发建设，可借鉴运用"基础设施社区化"的理念和措施。生态类基础设施社区化，就是以城市滨水区开发建设为核心，基于"三生融合"的理念，围绕打造"15分钟生活圈+15分钟通勤圈·就业圈·消费圈·社交圈·教育圈·医疗圈·运动圈·休闲圈·生态圈"为首要目标。

1. 城市基础设施规划社区化

所谓城市基础设施规划社区化，是在区域总体规划指引下，按照多规合一的要求，以编制系列化的城市三大类基础设施规划为核心，以区域功能需求和资金自求平衡为准则，科学划定社区范围，并将城市基础设施项目纳入社区规划体系的发展模式。城市基础设施规划社区化强调以城市发展方式转变带动经济发展方式转变，统筹协调总体规划与分区规划、产业圈规划与生活圈规划、外部推动力与自身驱动力、社区营造与共建共享、商业模式与城市经营五对关系，强化城市个性、特色、文脉、环境优势，以一流的城市环境吸引一流的人才创业，以一流的人才兴办一流的企业，培育壮大城市产业体系。

---

① 杭州网．王国平在参加下城代表团审议时强调　坚持以人为本以民为先　认真做好以民主促民生工作［EB/OL］．［2012 - 04 - 12］．https：//hznews. hangzhou. com. cn/xinzheng/ldzyjh/content/2012-04/12/content_ 4146843. htm.

一是坚持以人为本、以民为先的理念，推动人民城市人民建、人民城市为人民。根据"发展靠人民、发展为人民、发展成果由人民共享、发展成效让人民检验"的原则，努力做到"四问四权"，即问情于民、问需于民、问计于民、问绩于民，落实"以民主促民生"的理念和工作方法。

二是坚持研究引领，以研究带动城市规划、保护、建设、管理、经营。从城市规建管营全生命周期角度出发，立足社区化的整体效应，由城市基础设施开发主体牵头开展规划设计、开发建设、产业策划、土地整理、运营管理全过程研究。按照前期战略研究、概念规划、总体规划、专项规划、方案设计的顺序，稳步推进城市基础设施规划社区化，防止规划环节和建设环节脱节，预防项目建设和项目运营脱节。其中，总体规划对社区设计有着纲领性、统筹性和指导性作用，方案设计是对总体规划发展目标和战略定位的具体体现。

三是坚持高起点规划，以规划先行实现"先人一步、快人一拍、高人一筹"。这是城市基础设施社区化的前提和基础。只有抢抓历史机遇和发展窗口，集聚各类要素资源，才能做到"先人一步、快人一拍、高人一筹"。根据超前性、系统性、权威性和操作性的原则编制城市规划，处理好局部与整体、近期与长远、需要与可能等关系，确保"一张蓝图干到底"。

2. 城市基础设施建设社区化

所谓城市基础设施建设社区化，是城市三大类基础设施建设主动适应城市网络化、智能化、个性化的系统性要求，按照每平方千米容纳 1 万人的产城融合、职住平衡标准，推进城市建设从经济型转向生态型、从土地型转向人口型、从数量型转向质量型、从粗放型转向效益型、从外延扩张型转向内涵提升型[①]。城市基础设施建设社区化按照一个新型生活区就是一个产业功能区、一个新型社区的理念，着力构建产业生态圈和市民生活圈，以产业功能需求和居住人群需求为导向，科学合理建设经济类基础设施、社会类基础

---

① 传道. 南昌要提前研究交通"五网合一"问题［N］. 南昌日报，2020-05-31（2）.

设施、生态类基础设施①。

一是突出前期研究，编制新型可行性研究报告。建议地方政府委托专业智库或规划设计单位，提供以项目是否具有足够土地溢出效应为特色的新型可行性研究报告，作为项目贷款的前置条件之一，进而从根本上控制住"政绩工程""形象工程"及政府负债，从根本上解决城市三大类基础设施建设项目商业模式缺乏问题，进而落实"优地优用"政策，助推城市高质量发展，创造城市高品质生活（王国平，2020）。

二是突出高标准建设，实现社区功能复合共享。坚持"品质至上""细节为王""功能复合""系统谋划"，强调精益求精、不留遗憾，从建筑全生命周期角度考虑确定建设标准，使每一个景点、每一处建筑都经得起人民的检验、专家的检验、历史的检验，成为"世纪精品、传世之作"（中科新型城镇化研究院，2018）。在组团、片区范围内，按照由远及近的原则率先落实城市基础设施建设项目用地保障，构建"大中小"三层级的社区生产、生活、生态服务圈，摒弃只顾短期需要的"插花式"建设布局思维，构建产业功能区、公共服务区、日常生活区功能复合共享的建设格局。

三是突出高强度投入，实现设施收益多元化。多渠道筹措建设资金，坚持集约节约用地，注意政策配套，形成上下合力，出台一系列加大城市基础设施建设投入的政策文件（董柏生、王国平，2017）。参考 PPP 投融资模式及产业引导基金发展模式，构建人力资本导向的现代化产业配套服务平台，通过短期项目运营和产业园区、未来社区等长期物业运营来升值，增加城市基础设施项目的自身收益，以项目自我造血功能为高强度投入提供资金支持。

3. 城市基础设施管理社区化

所谓城市基础设施管理社区化，是依据国家政策方针和相关法律，结合国民经济发展规划、城市总体规划和社区实际发展情况的要求，研究制定城市基础设施管理社区化的方针政策，按照自上而下与自下而上相结合的原则，

---

① 简阳. 主动接轨"双城经济圈"奋力推进"三新简阳"建设［N］. 成都日报，2020-01-19.

推进城市管理力量下沉到社区解决实际问题，推进社区基层治理现代化，逐步解决城市基础设施管理社区化存在的体制机制性难题。城市基础设施项目是否体现高质量发展的要求，归根结底要根据其最终能够提供的城市社区公共服务的质量和效率来检验。因此，要以城市社区公共服务的保障程度作为检验城市基础设施项目高质量发展的最终标准。

一是突出高效能管理，推进城市基础设施管理社区化的多主体参与。"三分建设，七分管理"。通过问情于民、问需于民、问计于民、问绩于民，切实落实人民群众的知情权、参与权、选择权、监督权，使城市基础设施由城市政府一家管理向社会复合主体共同治理转变。

二是突出高品质生活，提升城市基础设施社区化管理带来的获得感。在未来的城市竞争中，城市不以人口规模拼大小，只能以品质争高低，以特色论输赢。要从"品位"和"质量"相统一的角度，从人们日常的、根本的需求角度来审视城市发展，把城市发展放到一个现实而又终极的意义上去把握，使城市与市民紧紧联系在一起，使经济社会发展与市民日常生活紧紧联系在一起，不断增强老百姓的获得感、幸福感。

三是突出公园社区导向，实现城市基础设施生态效益常态化。公园社区是公园化的社区，是公园城市的基础和细胞；公园单位则是公园化的单位，是公园社区的基础和细胞。按照公园城市的标准，把城市作为"最大的公共产品"，构建尺度宜人、开放相容、邻里和谐的开放空间，提高城市活力、品质和民众互动交流的机会，实现从城市的公园向公园的城市、从社区的公园向公园的社区、从单位的公园向公园的单位三个历史性跨越，实现城市基础设施生态效益广覆盖、高品位、常态化（王国平，2020）。

4. 城市基础设施经营社区化

所谓城市基础设施经营社区化，就是城市基础设施运营管理部门从城市基础设施经营效益最大化角度出发，树立系统经营理念，创新运营管理模式，拓展经营收益渠道，实现资产效益最大化，提升品牌知名度，统筹协调并有效利用社会资源，对教育、科技、文化、卫生、体育等城市基础设施进行经营管理的发展模式。

一是突出高水平经营，实现基础实施投入产出比、性价比、费效比的最大化。把经济发展方式转变与城市发展方式转变紧密结合，把政府"有形之手"与市场"无形之手"有机统一，变政府主导式为政府引导式，既保障经济利益，又注重社会效益，既防止市场失灵，又避免政府失灵。只有实现城市基础设施经营社区化，才能使城市基础实施的溢出效应最大化，进而实现基础实施投入产出比、性价比和费效比的最大化。

二是突出生态效益、社会效益、经济效益三大效益的统一。三大效益统一，统筹土地资产与城市基础设施资产一体化经营。"钱从哪里来，到哪里去"问题是"四大难题"的重中之重、难中之难。政府统筹解决城市三大类基础设施建设的成本，总体来讲，主要有城市财政预算安排（包括财政转移支付）、从国有资产的经营性收益中支付、推行 PPP 模式、从城市土地收益中支付四个渠道。在 2035 年中国城市化进程结束之前，要解决"钱从哪里来"难题，核心环节在于深入研究城市土地资产、城市基础设施资产经营问题，做好城市基础设施导向的土地综合开发文章（朱静，2016）。

三是突出全口径资产经营，创新城市基础设施社区化的商业模式。坚持"无形资产经营"与"有形资产经营"并重的理念，积极探索城市基础设施资产证券化之路。举措上关键要做到"四改联动"，即农地征用制度、土地储备制度、土地招拍挂制度和土地出让金使用制度的改革联动，做到节约用地、集约用地、优地优用，实现经济效益、社会效益、生态效益三大效益的叠加和统一（王国平，2020）。拓展城市基础设施经营社区化新渠道，落实国家新型基础设施建设战略，积极推进智慧城市基础设施进社区、进家庭，按照数字化改革、资产化重构、证券化融资的思路对城市基础设施、数据资源等线上线下资产进行一体化经营，开拓城市基础设施经营社区化运营新的商业模式。

（三）生态类基础设施社区化与城市滨水区规划实践——以杭州西溪湿地为例

杭州西溪国家湿地公园取得了显著的生态效益、社会效益和经济效益，形成了城市基础设施经营社区化的"西溪模式"。

第一，西溪湿地经营社区化，体现在其整体资源的开发、利用和经营模式的创新。"PPP+POD"复合模式体现了"金镶玉"的开发理念，即以湿地公园为"玉"，以湿地周边土地为"金"，通过"赋金于玉"实现"金玉成碧"（张翔等，2019），形成一流的自然与人文生态、良好的人居与创业环境，带动湿地周边土地的大幅增值，进而实现湿地公园的可持续发展。

第二，西溪湿地经营社区化，体现在其收益渠道的创新。杭州市在坚持"保护第一、最小干预"的前提下，把西溪国家湿地公园及周边地区打造成杭州市民和中外游客旅游休闲的好去处。

第三，西溪湿地经营社区化，体现在其公共资产效益的最大化。采取以管理委员会为统一核算单位的保护资金内平衡模式，对西溪国家湿地公园等城市基础设施和城市土地进行一体化开发和利用，形成土地融资和西溪湿地投资之间自我强化的正反馈关系。通过对西溪湿地的投入改善企业生产环境和居民生活质量，进一步带动土地的增值，进而通过土地的增值反哺城市的发展，切实解决"钱从哪里来"的问题。

第四，西溪湿地经营社区化，体现在其投资发展环境的改善。为了完成从"湿地公园"向"湿地公园型城市"组团的成功转型，实现"游在西溪""学在西溪""住在西溪""创业在西溪"的"四个在西溪"，在定位上落实组团的生态功能、文化功能、人居功能、产业功能。

第五，西溪湿地经营社区化，体现在其品牌美誉度和知名度的提升。西溪湿地除入选《中国国际重要湿地名录》之外，先后获得"国家 5A 级旅游景区""国家环保科普基地""全国科普教育基地""国家生态文明教育基地""中国十大文化休闲基地""中国最美湿地""全球文化产业特色园区创新引领奖"等荣誉。

在城市基础设施经营社区化的理念指引下，杭州市通过对西溪国家湿地公园这一重大生态类基础设施及其周边组团持续经营，有效弥补了西溪湿地保护建设和管理经费不足的问题，并反哺周边区域城市基础设施建设，切实解决了"钱从哪里来，到哪里去"的问题，实现了"三效统一"的城市升值。

五、基于水城融合的城市滨水区开发模式

（一）以文化为导向的开发模式

城市滨水区通常蕴含着丰富的历史文化遗迹与人文景观。以文化产业的发展取代衰败的城市滨水区的制造业、运输业等，通过对老工业建筑的改造和再利用以及新增文化设施来提升整个城市滨水区的活力，进而推动旅游产业和商业的发展来带动城市滨水区的全面复兴。

文化产业具有创新性、柔韧性和创造性，存在于当地与全球（依赖于地方专业化趋势的全球生产分布网络）的交汇处，更是后工业社会信息和知识经济的前沿。自 20 世纪 80 年代中期开始，将文化政策应用到城市滨水空间复兴过程之中已成为西方国家开发城市滨水空间的一种主流模式（岳华，2015）。

1. 植入新的文化元素

以文化为导向的开发模式中，一种是植入新的文化元素，即用新的公共空间建立起城市与滨水空间的联系，例如利物浦。

利物浦是英国第五大城市，曾在英国对外贸易中占据重要地位。利物浦在"二战"中遭受重创，为了实现城市复兴，利物浦制定了一系列的复兴计划，包括 2008 年成功当选为"欧洲文化之都"，希望以文化来促进城市发展。

艾尔伯特码头（Albert Dock）是利物浦著名的滨水公共空间，那里有著名的披头士故事纪念馆（Beatles Story）以及由原码头边的五金市场改造而成的泰特美术馆（Tate Liverpool）等历史建筑。在这片被联合国教育、科学、文化组织列为世界文化遗产的码头区域中，2011 年建成的由丹麦建筑师事务所 3XN 设计的利物浦博物馆（Liverpool Museum）无疑是一个全新的文化元素。设计者的初衷是希望建立起城市与水岸空间的联系，创造一个意义丰富

的具有活力的公共空间，鼓励人们驻足、休憩、见面、交谈等休闲行为和社交行为的发生。

2. 延续水岸的历史文脉

以文化为导向的开发模式中，另一种是延续水岸的历史文脉，即根据重要性的不同对历史建筑进行保存、修复、重建、置换、整治等。

20 世纪 70 年代以来，人们开始以文化旅游为导向，重新审视历史建筑和景观的保护与改造。

这种模式不仅很好地保护了城市的历史遗存，而且还以其深厚的文化内涵和丰富的物质景观有效地促进了城市旅游业的发展。城市滨水区工业化时代的建筑，被置换了功能，植入了文化元素，这些工业化时代的城市空间符号重新焕发出生命力（田硕，2008）。

例如，赫尔佐格和德梅隆（Herzog & de Melon），将伦敦泰晤士河南岸一处正对着圣保罗大教堂轴线的热电厂改造成了泰特现代艺术博物馆（Tate Modern）。工业建筑高大的空间与充裕的面积为艺术品的展示提供了理想的场所，这座宏伟的工业建筑也一跃成为现代艺术的殿堂，其高达 99 米的中央纪念碑式的烟囱更成了泰晤士河南岸的标志物。

而利物浦艾尔伯特码头边的五金市场则被改造成为美术馆、精品店、餐馆、酒吧等场所，如今已成为市民重要的公共活动场所以及城市中最富有吸引力的旅游景点。

（二）强化空间公共性与开放性

城市滨水公共空间是市民公共生活的重要载体，承载着市民的集体记忆，具有很强的市民性。通过对城市滨水公共空间公共意象的强化可以营建出具有强烈识别性的场所，打造出城市风貌的窗口。

英国城市滨水公共空间复兴常将表达城市公共空间意象作为空间实践的主要目的。通常把市民广场与重要的城市公共建筑如博物馆、市政厅、教堂等结合起来布局。此外，在城市滨水公共空间的开发与建设过程中，确保公众目标优先和强化公众参与力度受到极大重视。城市滨水公共空间真正成为社会公众共有的社会财富。

首先，降低空间准入标准可以加强城市滨水公共空间的开放性与可达性，体现社会公平与公正。西方国家城市复兴中的绅士化进程无形中界定了空间准入标准，导致城市发展受到社会精英的价值观主导，而公众意识缺失，并由此产生空间的隔离与极化（岳华，2013）。

其次，在城市滨水公共空间复兴中，许多英国城市都极力避免原本属于市民公共空间演变为高档消费空间。例如，市民在英国内陆水道协会（Inland Waterways Association，IWA）的官方网站上可以搜索到离自己家最近的水道，网站鼓励普通市民把水道变成健身房、图书馆、咖啡厅或者约会场所等。

最后，城市滨水公共空间中的一些重要公共建筑也传达出加强空间公共性的设计理念。由诺曼·福斯特设计的位于泰晤士河畔的伦敦市政厅（City Hall），其建筑外墙采用透明玻璃，市民可以看到议会内部的工作场景，喻示着社会监督作用，促进了政府与民众的交流。市政厅内的螺旋坡道是其独特建筑形式的逻辑依据，也成为设计者表达民主意图的空间手段。螺旋坡道是对公众开放的展示空间（岳华，2010），市民能够进入建筑内部并可看到议会的工作场景，这使建筑中的市民公共活动与政府机构办公活动形成了良性互动关系，政治性空间与市民公共空间在此交融（岳华，2008）。

（三）功能混合的土地利用模式

简·雅各布斯在论述城市多样性产生的条件时曾提出：地区内的基本用途必须混合，这些功能吸引着并留住人流，使人们能够使用很多共同的设施（秦莉雯，2021）。高质量的城市滨水公共空间应具有多样化的混合功能，如生态、景观、居住、商业、休闲、旅游、文化、会展、博览等多种城市功能。

例如，伯明翰对城市运河两岸建筑的改造，将公寓、写字楼、美术馆、餐馆和酒吧等多种功能结合在一起进行规划设计，称为"混合使用改造"（李云等，2019）。多种功能的混合与相互平衡及良性互动强化了"24 小时城市"的概念，即活动的多样性与全时性（岳华，2013）。

在具有持续活力的积极的城市公共空间中，人们拥有生活、工作和娱乐的多种选择和体验。同时，土地与空间的紧凑利用方式，城市公共设施的合理配置以及空间使用功能的多元化与复合化又极大促进了场所营建和多样化目标的实现以及城市空间资源的整体高效利用（岳华，2014）。

（四）整合与优化城市交通

世界上的许多城市都在致力于复兴城市滨水区，但因城市中的河岸、水岸、海岸常被宽阔的道路或笨重的工业设施与城市的其他部分隔离开来，导致城市滨水区空间活力欠缺。

城市滨水区是城市整体的有机组成部分，在英国城市滨水公共空间再开发与复兴的案例中，强化交通可达性从而实现公众可达性的最大化成为非常重要的策略之一（岳华，2015）。交通可达性，是指所有的人，包括行动不便者均可步行或通过各种交通工具安全抵达城市滨水区和水体边缘，而不为道路或构筑物所阻隔。

空间可达性，既是公共空间中活动主体之间互动的前提，也是公共空间中高品质的市民公共生活发生的前提。同时，通过城市滨水区域交通设施的改造与更新达到整合城市交通体系的目标（岳华，2014）。这些措施包括强化滨水步行系统，整合水上交通，城市公交优先并提供便捷高效的换乘方式，重视自行车等慢速交通的组织，便捷的停车组织系统以及清晰的指向标示系统等。

（五）恢复和优化生态环境

城市滨水区是具有环境敏感性的地区。通过治理水体、改善水质、美化环境，选择合适的植物种类，能够恢复退化的水生生态系统；综合设计生态驳岸，充分保证河岸与河流水体之间的水分交换和调节功能，可增强水体的自净作用，同时让水体具有一定抗洪能力。

城市滨水区生态环境的改善能够促进新的滨水公共空间的开发。例如在伯明翰，只有中心运河疏浚之后，才有人愿意去投资开发。另一个案例是小镇剑桥。著名的剑桥大学所在地虽是一个小镇；但是康河（River Cam）的迷人风景和良好的生态环境令这所世界顶级名校成为著名的旅游胜地，市民和游客慕名而来，像诗人徐志摩那样泛舟在康河的柔波里成为重要的旅游体验项目，而水面上丰富的公共活动也让河岸空间极具活力与生机（岳华，2015）。

（六）以人为本的设计理念

"以人为本"的设计理念实质上是人类社会文明的体现，即从空间层面对人本身的各种需求的关怀。表现为高度关注不同群体的行为特点，关注不同群体的社会需求，尤其是老人、儿童、行动不便者等社会弱势群体的需求，体现社会公平与公正（岳华，2014）。

市民公共活动是城市滨水公共空间的主要内容，市民是公共活动的主体。城市滨水公共空间中公共活动主体的多样性与差异性决定了公共空间的多样性与复杂性。在英国城市滨水公共空间案例中，创建共享的社区氛围是十分重要的一个方面。这可以令市民对滨水公共空间产生强烈的认同感与归属感，满足市民不同层次的需求，体现出了浓浓的人文精神与人文关怀（岳华，2013）。

具体而言，许多案例都通过滨水公共空间中宜人的尺度、亲水的态度、场所的共享以及场景的互动来传达人性化的设计理念；通过各种配套设施的配置，如卫生间、室外座椅、饮水设施、无障碍设施等来传达对于不同人群心理与行为特点的尊重。

第三章

国内外关于城市滨水区规划的
理论研究与实践成果

一、国内外关于城市滨水区规划的理论研究

（一）水与城市生态研究

从 18 世纪的工业革命的号角吹响开始，城市相关的滨水用地由于其便利的水资源及运输条件，被大量地转化成为工业生产带，城市河湖水系水环境不断恶化。工业大革命时代终结后，欧洲各国开始意识到水污染的严重性，并开始重新对城市的滨水区域进行功能定位，以补救"先污染、后治理"这一错误发展行为带来的后果。各国学者也对城市河湖水系环境治理的情况展开了相关研究，研究主要围绕着城市河湖水环境治理、城市河湖水系连通及城市河湖水系保护与利用方面展开。

1. 城市河湖水环境治理研究

水是生态之基，日益严重的水污染问题唤起了人们对河湖水系生态的关注。学者 Seifert 首先在 1938 年提出"亲河川治理"的概念，指出以近自然的工程措施进行河流整治，达到改善河流生态环境的目的。20 世纪中叶，"近自然河道治理"开始在德国作为一门工程学科被提出和深入研究。在 20世纪 90 年代，日本开展了"多自然型河道建设"的水生态治理研究，与此

同时，荷兰则提出了"还河流以空间"的生态理念，美国则在这一时期开始对河道展开自然形态修复的研究。随后，各个国家陆续从生态的视角开始研究城市河湖水系，并开展了对应的实践。综观全球，韩国的清溪川治理工程、美国洛杉矶河复兴工程和法国巴黎塞纳河生态治理工程最具代表性。

基于已有对城市河湖水系的生态理论研究成果，学者对河湖水系的生态治理方法进行了深入的探讨。Hohmann 和 Konold（1992）指出，通过生态治理创造出一个具有不同水流断面、水深及流速的生态多样性的河溪。Mike-John（2003）针对河道的纵向修复措施、河床修复措施、河道栖息地环境改善措施等方面提出了河流的生态修复策略，并指出河流的生态修复应着眼于整体，全面考虑河流的生态环境及其与城市面貌之间的关系。高辉巧等（2008）提出了"人水和谐"及坚持以城市生态规划为先导的河湖治理原则，应通过水生态保护工程、水体循环系统设计、工程防渗设计、河湖防洪工程与景观工程建设相结合的方法全面整治城市河湖水系。韩玉玲等（2012）围绕当前广泛关注的河流健康问题，从河流系统角度，归纳总结了河流系统健康的概念、内涵与特征。

河湖水系包含多项元素，如水体、护岸等，由于各要素功能及属性的差异性，在生态治理中所采用的技术也不同。Gerald 和 Galloway（1997）针对密西西比河流洪水情况进行了反思，提出了与经济、生态、文化可持续性相融合的河流治理技术。针对河流治理技术，周应海（2001）认为，可以通过建设生态廊道、对护岸进行生态处理，使驳岸成为水体与陆域的良好过渡界面。王海燕（2010）认为，改善水质可以从底泥疏浚、生态调水、人工增氧和植物净化技术等恢复技术来改进，并提高河流和湖泊的生态美学价值。耿晓芳（2011）从欧美发达国家水环境治理的新思路和新技术进行总结，提出从水污染的特点出发，以河流为尺度来构建水环境控制及改善的技术体系。

近年来，河湖水系环境评价体系也成为了研究的重点。Rijsberman 和 vandeven（2000）把水资源承载力作为城市水安全保障的衡量标准。夏霆（2008）则把研究重点放在了综合评价城市河流水环境和诊断方法上，指出城市河流水环境的内涵包括城市河流水环境状态和城市—河流关系两个层面的内容，并提出了水环境综合评价的指标体系及方法。刘宏（2010）将镇江市作为案例，对水环境安全评价及风险控制进行研究，探讨了水环境安全保障问题，并首次提出了危险物质固有水环境风险定量方法。

有些学者开始对城市河流水系环境治理现状进行梳理，朱国平等（2006）结合国内外城市河流的近自然综合治理研究情况，分析了目前城市河流治理所面临的问题，如没有把近自然和综合治理结合起来，在河道治理后的保护和管理方面还很欠缺。陈兴茹（2012）分析了国内外城市河流治理现状，指出了我国与发达国家在河流生态修复的方法及技术上的差距，并提出今后我国的城市河流治理应更多地考虑城市河流与周围区域的整体关系，与带动经济和满足居民生活需求等目标相结合。

2. 城市河湖水系连通研究

综观国内外，最早有关河湖水系连通的研究可追溯至公元前 2400 年的尼罗河引水灌溉工程，该工程主要是为了满足古埃及地区的灌溉用水需求。在公元前 256 年，我国也同样出于灌溉需要，建立了都江堰引水工程。由于经济的发展，水路交通运输需求在工业革命时期不断增加，从而推动了城市河湖水系连通工程的发展。随着社会经济的进一步发展，城市普遍面临着水污染严重及生产生活用水供需不平衡的双重压力，从而促使了河湖水系连通的再次兴起（崔国韬等，2011）。总的来说，城市在早期开展河湖水系连通主要是出于航运、灌溉及军事目的，现如今河湖水系连通在很多城市作为一项治水方略被提出，主要用于提高水资源统筹配置能力、改善河湖健康状况和增强抵御水旱灾害能力（王中根，2011）。

河湖水系连通有助于提高城市灌溉、供水能力，但随着河湖水系的不断发展，相关连通工程所产生的滞后性负面影响也逐渐显现出来。May（2006）指出河流的"连通性"在保持河流生态系统完整性方面发挥着重要作用，人类活动不是通过滨河景观与河流相连接的，而是通过接触我们周围"大自然的组织"与河流相连接的，城市河流的修复应处理好人类行为与各种自然水文进程的连通性问题。庞博和徐宗学（2011）指出，应科学考虑河湖水系连通问题，针对不同类型河湖水系的特点，因地制宜地制定具体措施。夏军等（2012）从正反两方面分析了河湖水系连通的利弊，指出河湖水系连通对保持河湖环境具有重要意义，但也给生态环境带来了负面影响，如减少河流的有效可利用水量、影响地表及陆地的水循环等。

随着时代的不断发展，有关水生态、水文化、水景观的需求不断增加，国内外许多城市陆续提出了构建生态水网体系的策略，国内学者也开始对城市生态水网构建的理念及方法展开研究，李德旺和雷晓琴（2006）从生态学和水力学的角度，提出通过恢复生态通廊、雨水资源化、营造良好生境等技术方法，实现城市水网的生态性连通。杨波和刘琨（2009）分析了生态水网建设的必要性及可行性，指出从蓄水、景观、水源涵养、路网、绿网、生态水网等配套工程方面做好生态水网连通文章。国外学者对水环境动力模型开展相关研究，例如 Molina 等（2010）指出，水网连通应处理好水质、水温，减少对其他湖流的负面作用及地下水位的影响。

3. 城市河湖水系保护与利用研究

保护和利用河湖水系从 20 世纪 80 年代开始逐渐成为国内外城市可持续发展关注的焦点。1984 年，日本举办了第一届世界湖泊大会，提出创造更加和谐的人与湖泊环境，后续则对解决湖泊的富营养化，保证生态系统发展持续利用等问题展开了研究。随后，摩洛哥在 1997 年举办了第一届世界水资源论坛，开展了保护全球水资源的行动。从此之后，规定以三年为期限，围绕不同的中心主题，在不同国家和城市举办世界水资源论坛，并开展相关研究讨论。2004 年第一届亚洲大河国际研讨会开启了对亚洲大河流域问题的研究。进入 21 世纪以来，我国也先后开展了多个会议，在全国范围内展开了对河湖水系保护与利用的研究。从这些会议议题及具体研究来看，水资源和水空间是国内外城市河湖水系保护和利用所涉及的两大主体。

城市生产生活正常运行的重要依托在于洁净的水资源，河湖水系不仅是城市重要的历史文化资源和珍贵的生态资源，也是城市的天然水源，在城市规划设计中应处理好河湖水系与城市历史文化及生态环境之间的呼应联系。唐敏（2004）提出，通过保护现有河流水面、加强疏浚拓宽河道、理顺沟通河网水系及建设生态型河流等对策，加强城市化过程中河网水系的生态保护。叶炜（2005）指出，历史水系保护是一个动态的过程，可以从挖掘和丰富传统城市历史水系在现代生活中的积极意义入手。Chorus 和 Schauser（2007）提出，可以采用措施对河湖水环境进行内外修复，从长远角度出发改善水质，并保护河湖水系周边生态环境。

城市空间的活力之源是灵动的水空间，水空间与城市空间连接的有效实体界面在于河湖水系沿线的用地、绿色开放空间及交通布局，因此可以从这些构成元素方面综合审视城市河湖水系的保护与利用。Baschak 和 Brown（1995）结合河流绿道空间结构的构成要素，制定了有利于城市河流绿道中现有的和潜在的自然区域的保护和生态优化的生态框架。周易冰（2011）结合各个学科，提出通过营造生态格局、调整交通系统、建立开放空间、重置用地功能等方法促进城市河湖水系的保护与利用。

4. 城市河岸带治理与生态重建研究

城市河岸带扮演着水域与陆域的过渡区域的角色，其所处的特殊位置与区域生态环境之间有密切关系。一些学者对其生态功能及影响机制作了研究，Robert Naiman 等（1993）从生态学的角度出发，将河岸带的功能归纳为廊道功能、缓冲带功能及护岸功能，并从水文、气象、土壤、生物群落分布等方面分析了河岸带的生态影响因素。王仰麟和岳隽（2005）综合了相关研究内容，总结出河岸带的功能主要有保护功能、连接功能、缓冲功能、资源功能四大方面，并指出河岸带植被带在河岸带生态功能中发挥着重要作用。

随着人们对河岸带生态作用的认识不断加深，多个国家就保护河岸及其生态环境提出了相关技术。如德国、瑞士等国家于20世纪80年代针对混凝土护岸所引起的生态环境退化问题，提出了"自然型生态护岸"技术；接着，日本提出"多自然型河道治理"技术，并对生态型护坡结构进行了多项实践研究；美国则提出"土壤生物功能护岸技术"（Donat，1995）。同时，学者们也开始将研究的目光转向了河岸一带的生态设计理念及生态重建策略。邵波等（2008）以群落生态学和恢复生态学为着眼点，从生物重建、生态重

建及结构功能重建三个方面提出了城市河岸林带的重建策略。赵广琦等
（2008）将稳定坡岸和生态修复作为目标，对不同地区的河段采用不同生态
护坡技术的综合效益比较分析，指出坡岸绿化在河岸生态修复中发挥了重要
作用。刘劲和王金潮（2010）通过对已有研究中有关河岸带生态护岸优缺点
进行对比，提出了有关河岸带生态护岸设计的原则及方法，并详细介绍了常
用的护岸工程措施。叶春等（2013）在分析湖泊缓冲带建设的影响因素的基
础上，提出了如何运行管理湖泊缓冲带的机制，以及湖泊缓冲带生态环境建
设应遵循的原则。

（二）水与城市规划研究

随着工业时代落下帷幕，国外很多城市即将开始面对新一轮的社会和经
济转型，城市滨水区由于其拥有的环境及区位条件，成功成为推进城市复兴
的战略重地。从 20 世纪 50 年代末开始，北美首先发起了对城市滨水区的重
建与开发活动，至 20 世纪 80 年代以后，全球各国开始了对滨水用地开发与
再开发；相关专业学者对城市滨水区城市设计、城市滨水区景观规划设计及
滨水用地开发管理等内容进行广泛研究。

1. 滨水区城市设计研究

国外的城市滨水区城市设计从 20 世纪 50 年代开始（王建国、吕志鹏，
2001），美国、日本先后创立了滨水地区研究中心。在《城市滨水空间更新》
一书中，霍伊尔首次全面地对滨水空间的开发现象作了详尽的说明，主要概
括了在开发滨水空间时的驱动因素和存在的矛盾。近年来，国内外都越来越
重视对于滨水区的城市设计，很多高校和规划设计单位都通过专题研究的方
式对滨水区城市进行设计，涉及的内容有滨水区城市设计的整体性设计、特
色设计及空间设计研究等。滨水区是城市空间的重要构成元素之一，在规划
时应将滨水区城市设计视为城市整体开发、更新、管理、规划和保护过程的
重要部分。陆晓明（2004）强调从整体结构、开放空间、道路交通和景观实
体等方面综合研究滨水区城市设计的具体内容。王晓东（2006）认为，在滨
水区城市设计时，要贯穿"多维度、多层次"以及"多维联系与连锁"的发

展思路。Tompkins 和 Mengel（2009）认为，在进行滨水区规划与建设时，应和城市形态以及主要开发基地的区域特色两者相结合，注重绿色基础设施及公共系统建设。

　　为防止城市出现视觉同质化以及发展无序化的问题，很多学者都开始研究滨水区城市设计如何实现可持续发展以及可识别性。Gordon（1999）指出，滨水区规划应注重城市历史文脉的保护与延续，营造具有地域性特色的城市空间。翁奕城（2000）认为，可持续发展观是滨水区城市在设计时应遵循的原则，并分别从生态、经济、社会文化、技术等角度探讨了滨水区城市可持续设计的具体方法。环迪（2007）从滨水城市色彩规划的角度开展相关研究，指出应从历史文化、自然环境、色彩美学等多角度综合考虑，建立因地制宜的滨水城市色彩。针对城市空间中出现的定向感和归属感切实的问题，孙丹和毕克妮（2011）提出，滨水区城市设计应结合城市固有的自然特色和历史传统，从天际线设计、景观标识物、建筑形态等方面创造滨水区城市设计的可识别性构成元素。

　　滨水空间具有形态丰富，功能多样的特点，因此它具有的特性与其他城市空间不同，也一直成为城市设计研究的热点问题。热点内容围绕着滨水空间的规划设计策略、空间营造方法及构成要素设计等方面展开。在规划设计策略方面，高碧兰（2010）对城市滨水区公共开放空间的布局、内部交通及形态作了研究，指出城市滨水区公共开放空间的规划设计应与相邻城市空间产生有效联系，并体现生态性和文化传承性；苏博洋（2011）针对城市滨水区住宅外部空间的设计，提出应从整体性、历史性、亲水性、多样性、可持续性和可达性六个方面展开，并从空间形态、景观设施系统及道路系统三个方面提出了相应的设计策略。在营造城市滨水空间方面，金广君和钱芳（2011）分析了对城市滨水区可达性产生影响的空间构成要素，分别对环水型、环城型和沿水型三种城市滨水空间的可达性和吸引要素做了分析，探讨了易达目标下的滨水空间营造。有关城市滨水区公共空间发展存在的问题，周圆（2012）从生态空间、景观空间、夜景空间、特色文化空间营造四个方面探讨了城市滨水区公共空间营造的方法。在滨水空间的构成要素设计方面，刘承忠（2010）对城市滨水公园生态化设计的理念及手法进行深入研究，并从水系处理、水岸设计及植物配置等角度对城市滨水公园的生态设计进行阐述；黄俊（2012）指出了规划设计城市滨水绿地的具体方法，并从景观布局、生态驳岸设计和植物生态设计等方面阐述了滨水绿地的规划设计策略。

对于城市滨水区城市设计的主题定位，有学者从多元视角开展了相应的导向型设计构思及策略。朱喜钢等（2010）分析了将文化特色应用于设计实践中，创造具有归属感、人情味的城市滨水区的重要意义，并针对郑州河湾滨水区城市设计制定了中原文化导向型的设计策略。郭鉴（2012）立足于滨水区城市设计的生态性及复合性，并在上海黄浦江沿岸前滩地区城市设计实践中，运用绿色、复合、立体的理念构建了环境生态和功能复合的框架体系。对于地域文化设计在城市滨水区设计中的重要性，Martinez（2013）结合西班牙独特的地域特色，对卡塔赫纳滨水区制定了详细的规划策略。

2. 城市滨水区景观规划设计研究

城市滨水区景观在提升城市吸引力和增强城市魅力方面发挥着重要作用，国内外众多学者对其设计理论及原则做了研究。日本土木学会在1988年出版了《滨水景观设计》，该书从规划设计到施工对城市滨水区景观进行了全面的概述。刘滨谊（2006）在《城市滨水区景观规划设计》一书中分析了我国城市滨水区景观建设面临的问题，并从宏观层面和中观层面提出了城市滨水区景观规划设计指南。在《滨水景观设计概论》一书中，陈六汀（2012）对滨水景观的构成要素、类型及设计要点做了详细论述。

有关城市滨水区景观规划设计策略主要是围绕着生态化、多样性、整体性、地域性、共享性及立体化设计六方面展开的。Baschak 和 Brown（1995）分析了河流绿道对城市景观生态的重要性，并构建了城市河流绿道的生态规划设计框架。潘宏图（2005）从景观生态学的角度出发，提出了城市滨水区景观生态化的原则和技术方法来保护和恢复河流生态系统、优化城市滨水区生态环境、构建生态交通系统等。林恬（2008）关注了城市滨水区景观规划设计的整体性意义，指出现代化的城市滨水区景观规划设计应引入"多维与整体"的思路。崔柳（2009）将北方地区的气候及人文条件与城市滨水区景观设计结合起来，提出了中小城市滨水区景观的地域性设计方法。杨庆峰、王美达等（2009）围绕着如何进行空间、资源和行为共享阐述了城市滨水区景观共享性设计的内涵及具体方法。周建华和房斌从功能立体化、空间结构立体化、交通立体化、景观视线立体化、植物造景立体化五方面提出了城市滨水景观的立体化设计策略。

城市滨水区景观具有多样化的功能，例如美化城市的功能、生态绿化的功能和休闲娱乐的功能。Krausse（1995）以英国纽波特滨水区的休闲娱乐功能作为案例，指出应将城市滨水区景观设计与城市服务设施相结合。李贵臣等（2011）指出，对城市河道的滨水景观的认识不能仅停留在物质环境角度上，应该从更深、更广的层面去理解和把握，特别是要从生态可持续发展的角度去分析。关键在于要关注城市滨水景观巨大的生态绿色功能、休闲娱乐功能及文化价值，使城市滨水区景观的塑造在保留城市历史文化印记的同时还能与生态绿色、休闲娱乐功能相协调。

随着研究不断深入，学者们开始对城市滨水区景观评价体系进行分析。乔文黎（2008）在对美学、评价学和环境心理学理论进行深入研究的基础上，从景观层面、社会层面、生态层面三个层面确立了32项评价因子，建立了一套较完整的城市滨水区景观评价体系。朱润钰和甄峰（2008）采用层次分析法构建了一个城市滨水区景观评价指标体系，其中包括了一级目标层、亚目标层、单项指标层共三层体系。

3. 城市滨水用地开发管理研究

1983年《都市滨水区规划》一书出版，道格拉斯·温（Douglas Wrenn）首次对滨水区规划的成果进行了全面的总结。Hoyle等（1988）主编了《滨水区复兴》一书，收录地理学家、经济学家和规划师等发表的15篇关于对全球城市滨水区复兴的思考与主张的文章，全面地剖析了滨水用地开发现象。在《城市滨水区设计与开发》一书中，张庭伟等（2002）从规划、策划城市设计到项目财务安排，全面地阐述了城市滨水区的开发问题。美国城市土地研究学会（2007）出版了《都市滨水区规划》，书中针对城市滨水区发展的生态设计问题做了研究，并列举了13个最新的实际案例工程，这些研究成果奠定了滨水用地开发管理实践的理论框架。

综观具体的滨水用地开发实践案例，可分为四个角度。第一，部分城市从经济角度出发，改造发展停滞和处于衰败状态的城市滨水区，大力发展第三产业，比如巴黎塞纳河左岸地区改造、美国芝加哥滨水用地开发。第二，部分城市从社会公共生活角度出发，将滨水用地打造成公共开放空间，比如美国西雅图城市绿色基础设施建设、明尼阿波利斯公园体系建造。第三，部分城市从生态角度出发，将城市滨水区改造成城市的生态廊道，比如美国洛杉矶河复兴规划、波士顿翡翠项链公园系统改造。第四，部分城市则从历史文化保护角度出发，对城市滨水区进行改造和重置，如英国伦敦多克兰滨水用地开发和美国巴尔的摩内港滨水用地开发。针对这些城市滨水用地开发的不同模式，学者们研究了城市滨水区的规划设计及策略，主要涉及城市滨水区公共空间、城市滨水区土地利用及城市滨水区生态环境方面。Gospodini（2001）对滨水用地开发中的空间重构做了研究，并从城市设计、经济发展、滨水空间营造方面建立了城市滨水用地开发的理论框架。陈理政（2009）、邵福军（2010）指出，城市滨水区土地开发与再开发应在功能划分和分区方面下功夫，改变滨水土地资源闲置、无序的现状，结合所在城市区位的功能定位及特色，充分挖掘区域的风土人情及历史文化内涵，拓展城市空间，与城市功能形成互补。Robinson 和 Pijanowski（2011）主要研究了湖泊区域的土地利用情况，提出了多时空角度进行分析和考虑这些土地利用变化对人与自然系统所产生的影响。

随着人们不断深化对城市滨水区的认识，滨水用地开发已经由侧重于促进经济发展的产业开发向注重生态环保及公众利益的开发转变。针对这一转变，不少学者对滨水用地开发的转型机制、功能定位及开发导向做了研究。李蕾和李红（2006）剖析了城市滨水区转型的动因，并从生态学层面提出了城市滨水用地开发的四点转型机制，指出现代城市滨水用地开发机制的核心问题是混合功能的开发，并借助传统地域文化的辐射作用，将城市滨水区重新带回自然与人的身边。运迎霞和李晓峰（2006）对国内外城市滨水用地开发功能定位的特点做了比较，提出我国的城市滨水区功能定位应协调多方面的因素，避免土地资源浪费，并与城市现有功能联结形成城市整体。Desfor 和 Bunce（2007）认为，政策、经济和社会状况都会对城市滨水区的转型产生影响，城市滨水区应朝生态化方向发展。沈旭炜和周永广（2011）从时空维度出发，梳理和归纳了城市滨水用地开发模式的五种导向，即交通水道导向、住区品质导向、边缘新城导向、遗产飞地导向与复合开发导向，并对城市滨水用地开发提出了相应的建议及对策。

随着近年来对城市滨水区旅游与游憩开发的不断推进，许多研究者开始从这一角度关注城市滨水区的开发管理。顾雯（2008）、武丽娟（2008）着重研究了城市滨水区旅游功能开发的原则及管理机制，认为应从整体性、多样性和秩序性三方面进行综合考虑，坚持可持续发展原则、通畅性原则、文脉延续原则、特色原则、公众参与性原则及滚动开发原则，建立"三位一体"的城市滨水区游憩空间开发与管理模式。游安妮（2009）对城市滨水区旅游开发与城市形象、城市规划、城市经济及城市人居环境的关系等进行了系统分析，认为在开发城市滨水区旅游项目时，应依托城市肌理，挖掘城市潜质，并创新城市特色。

4. 城市河岸带建设与评价研究

由于河岸带具有处于水域与陆地的交汇处这一空间的特殊性，不同学科领域研究学者都对其广泛关注。一些学者对河岸带空间范围的确定做了研究，对于河岸带的范围界定，Swanson 等（1982）认为，应将洪水到达至河岸植物林区之间的界限划分为河岸带。Bennett（2000）认为，宽度应从河岸岸趾起，算到河岸顶部的一定范围内。根据河岸带结构特征以及水文的动态变化过程，夏继红等（2013）提出，河岸带计算方法应有最小、最大和最优的不同宽度要求。

一些学者结合河岸带宽度范围研究对该范围内的土地利用、功能区划等展开了研究。夏继红等（2013）通过聚类分析方法，采用确定分区指标、计算相似系数等方法，利用定量的方式对河岸带范围内的功能地块进行了区划。董思远等（2012）利用遥感影像技术，对太湖缓冲带内的土地利用与生态变化情况进行了分析，并总结出导致这些变化的主要因素。赵霏等（2013）则关注了土地利用与景观格局，通过这个视角分析了北京地区河岸带的土地利用及景观的时空分异特征和变化格局，并指出城市化是这些变化的主要影响机制。

此外，对河岸带的评价也成为了研究重点。夏继红（2005）着眼于生态性，对生态河岸带的评价理论及方法进行了较为系统的研究，并建立了生态河岸带综合评价的指标体系及理论框架。高阳等（2008）从水文、生态、地貌等方面选定多个评价指标，并结合定性与定量评价相结合的方法，对河溪生态系统的结构和功能做了整体健康评价。王国玉（2009）则从河岸带自然性的角度进行评价，构建了河岸带自然度的评价体系，具体包括从河岸带结构、景观、植被群落三个方面构建的 13 个指标，以及通过河岸带的自然性划分为四个等级。

（三）我国关于城市滨水区规划研究的现状总结

通过对 1980~2020 年相关期刊、学术论文及文献专著的统计①，关于城市滨水区的研究文献总计 4264 篇。随着城市化进程的推进，城市滨水区相关论题研究呈现逐年增长的态势。

随着新时代的到来，生态环境问题日益成为我国政府关注的焦点，有关城市滨水区生态建设的相关议题迅速增加，城市滨水区的研究内容从对国外典型滨水案例解读、土地利用规划策略、城市设计、景观旅游资源开发等方面拓展至水环境治理、用地功能更新、生态规划策略等方面。具体来看，自 2006 年起，有关"滨水缓冲区"的相关研究成果（主要集中在农村地区或库区的"河岸带""湖泊缓冲带"）年均超过 100 篇，但与"滨水区"相关的研究数量相比仍存在显著反差。从地域分布的角度来看，已有关于城市滨水区的相关研究主要是关注长江三角洲、珠江三角洲一带，而对中部区域的研究相对较少。武汉市属于河湖水系资源较为丰富的区域，具有河网纵横、湖

---

① 其中期刊主要引自《城市规划》《城市规划学刊》《理想空间》等核心期刊，学术论文主要包含建筑"老八校"等知名高校的硕、博士论文，文献专著以中国建筑工业出版社的为主。

泊星罗棋布的地理特征，但有关武汉市城市滨水区的研究文献仅有52篇，占城市滨水区研究总数量的1.2%，而对城市滨水缓冲区的研究则基本处于探索阶段。因此，展开城市滨水缓冲区研究，有助于构建和完善我国滨水缓冲区理论研究体系，而且在实践方面当前的城市滨水区规划建设也具有重要的指导意义。

综上，国内对于城市滨水区的研究内容较为丰富，但仍存在一些不足。

第一，在建筑学、风景园林、城乡规划等领域，研究理论及实践多集中于对城市滨水区的用地布局、空间组织、景观整治、工业遗产保护等方面，较少关注河湖水系的自然地理特征及其变化等对滨水用地开发的限制及约束作用。滨水缓冲区的研究亟待在现有城市滨水区相关研究成果基础上，结合自身的空间特性进行专门深化。

第二，在水文学、生态学、环境科学等领域，针对滨水缓冲区的现状描述及问题分析，多集中在自然缓冲区（如农村地区、库区），相关研究成果以水污染治理、护岸技术、河岸带植被修复与重建为主，而关于城市滨水缓冲区对用地开发建设范围、强度的影响等方面的研究还不够深入，尤其对城市滨水缓冲区的空间控制要素和综合评价体系等的理论研究还很缺乏。

第三，在建筑学、风景园林、城乡规划等领域，已有研究大多采用定性分析的研究方式，主要从功能和空间层面对滨水缓冲区规划建设策略作概括性阐述。水文学、生态学、环境科学等领域的研究虽然从定量角度分析，但侧重于水质生态环境、缓冲带的宽度确定等，研究尚缺乏将定性与定量相结合，亟待运用交叉学科知识，对滨水缓冲区的生态、功能和空间进行综合效益评价等。

第四，在数据分析上，各学科领域主要侧重于遥感影像数据分析，并关注大尺度范围内的土地利用情况及滨水空间格局，对城市滨水区范围内的空间发展格局及影响机制则关注较少，同时缺乏现状调查方面的论证，使研究结论与实际情况不相符合。

与此同时，通过对现有城市滨水区相关研究成果的总结，发现城市滨水区研究的发展趋势为：①在研究内容上，需要深入分析滨水缓冲区内不同要素相互作用机制的研究，例如选择可以进行对比研究的不同类型的典型样本地，寻找城市滨水区内各要素相互作用机制的异同点；②在研究方法上，为更全面描述城市滨水区空间格局，需进一步选择适宜的测度指标，并整合多学科知识进行分析；③在数据分析上，除了使用遥感影像进行 GIS 空间分析，还可以通过田野调查的方式提高数据的实效性。

二、国内外关于城市滨水区规划的实践案例

（一）河湖水系治理与利用开发

1. 案例一：英国伦敦泰晤士河

泰晤士河是英国的母亲河，全长 402 千米，流经伦敦主要市区。随着 19 世纪第二次工业革命的兴起，泰晤士河流两岸的人口激增，出现了大量工业废水、生活污水未经处理直排入河，沿岸垃圾随意堆放等问题。

1858 年，伦敦发生"大恶臭"事件，政府开始治理河流污染：

一是出台相关法律法规严格控制污染物排放。20 世纪 60 年代初，政府严格规定：企业在进行入河排污时，废水必须达标排放，或纳入城市污水处理管网。企业必须申请排污许可，政府定期会进行审核，未经许可不得排污。政府定期检查，起诉、处罚违法违规排放等行为。

二是修建污水处理厂及配套管网。1859 年，伦敦启动污水管网建设，在泰晤士河南北两岸共修建七条支线管网并接入排污干渠，减轻了主城区河流污染，但对污水并未进行处理，治标不治本。这种方式只是将污水转移到海洋。到了 19 世纪后期，伦敦市建设了数百座小型污水处理厂，并最终合并为几座大型污水处理厂。1955~1980 年，泰晤士河流域的污染物排污总量减少约 90%，河水溶解氧浓度提升约 10%。

三是改变分散管理的方式，采用综合管理治污。自 1955 年起，英国政府逐步实施流域水资源和水环境综合管理。1963 年颁布了《水资源法》，成立

了河流管理局，实施取用水许可制度，统一水资源配置。1973 年《水资源法》修订后，全流域 200 多个涉水管理单位合并成泰晤士河水务管理局，统一管理水处理、水产养殖、灌溉、畜牧、航运、防洪等工作，形成流域综合管理模式。1989 年，随着公共事业民营化改革，水务局转变为泰晤士河水务公司，承担供水、排水职能，不再承担防洪、排涝和污染控制职能；政府建立了专业化的监管体系，负责财务、水质监管等，实现了经营者和监管者的分离。

四是加大新技术的研究与利用。在早期，英国污水处理厂的处理工艺主要是沉淀、消毒，处理效果不佳。到了 20 世纪中期，英国的污水处理厂研发并采用了活性污泥法处理工艺，并对尾水进行深度处理，出水生化需氧量为 5~10 毫克/升，处理效果显著，成为水质改善的根本原因之一。

五是充分利用市场机制。泰晤士水务公司引入市场机制，经济独立、自主权较大，向排污者收取排污费，并发展沿河旅游娱乐业，多渠道筹措资金。仅 1987~1988 年，总收入就高达 6 亿英镑，其中日常支出 4 亿英镑，上交盈利 2 亿英镑，不仅解决了资金短缺难题，还促进了英国社会发展。

通过这些措施，泰晤士河的水质不断改善：20 世纪 70 年代，重新出现鱼类并逐年增加；80 年代后期，无脊椎动物达到 350 多种，鱼类达到 100 多种，包括鲑鱼、鳟鱼、三文鱼等名贵鱼种。泰晤士河水质完全恢复到了工业化前的状态。

2. 案例二：法国巴黎塞纳河

塞纳河在巴黎市区段全长约 20 千米，宽 30~200 米。由于巴黎是沿塞纳河两岸逐渐发展起来的，巴黎塞纳河市区河段都是石砌码头和宽阔堤岸，30 多座桥梁横跨河上，两岸建成区高楼林立，河道改造十分困难。20 世纪 60 年代初，塞纳河出现了严重污染导致河流生态系统崩溃，仅有两三种鱼勉强存活。污染主要来自四个方面：一是上游农业过量施用化肥农药；二是工业企业向河道大量排污；三是生活污水与垃圾随意排放，尤其是含磷洗涤剂使用导致河水富营养化问题严重；四是下游的河床淤积，既造成洪水隐患，也影响沿岸景观。

工程治理措施主要包括四方面：

一是截污治理。法国政府规定污水不得直排入河，要求搬迁废水直排的工厂，难以搬迁的工厂要严格治理。1991~2001年，法国政府投资56亿欧元新建污水处理设施，污水处理率提高了30%。

二是完善城市下水道。巴黎下水道总长2400千米，地下还有6000座蓄水池，每年从污水中回收的固体垃圾达1.5万立方米。巴黎下水道共有1300多名维护工，负责清扫坑道、修理管道、监管污水处理设施等工作，配备了清砂船及卡车、虹吸管、高压水枪等专业设备，并使用地理信息系统等现代技术进行管理维护。

三是削减农业污染。农药成为塞纳河河流中66%污染物质的来源。这些农药主要通过地下水渗透入河。巴黎从源头上加强对化肥、农药等的控制，对50%以上的污水处理厂实施脱氮除磷改造。

四是河道蓄水补水。为调节河道水量，巴黎建设了四座大型蓄水湖，蓄水总量达8亿立方米；同时修建了19个水闸船闸，使河道水位从不足1米升至3.4~5.7米，改善了航运条件与河岸带景观。此外，巴黎还对河岸河堤进行了整治，采用石砌河岸，避免河流冲刷造成泥沙流入；建设二级河堤，高层河堤抵御洪涝，低层河堤改造为景观车道。

除了工程治理措施外，巴黎市政府还进一步加强了管理。一是严格执法。根据水生态、水环境保护需要，不断修改完善法律制度，例如2001年修订《国家卫生法》要求，工业废水纳管必须获得批准，有毒废水必须进行预处理并开展自我监测，必须缴纳污水处理费。严厉查处违法违规现象。二是多渠道筹集资金。除预算拨款外，政府将部分土地划拨给河流管理机构（巴黎港务局）使用，其经济效益用于河流保护。此外，政府还收取船舶停泊费、码头使用费等费用，作为河道管理资金。

经过综合治理，塞纳河水生态状况大幅改善，生物种类显著增加。但是沉积物污染与上游农业污染问题依然存在，说明城市水体整治仅针对河道本身是不够的，需进行全流域综合治理（衡阳通讯，2017）。

3. 案例三：中国深圳市福田河

福田河是一条发源于中国深圳市北部山区梅林坳深港界河——深圳河的支流，流域面积 15.9 平方千米，干流长度 6.8 千米，流经上梅林、笔架山公园、中心公园，穿过滨河大道在皇岗口岸东面汇入深圳河。

在治理之前，位于深圳市中心公园内的福田河存在生态功能单一、景观形态均一化等问题：一是河流水体污染严重。二是河底河岸全部硬质化，即"三面光"现象，河道护岸损坏现象较多，不但对河底、河岸生物多样性造成严重影响，而且与其所处的公园环境严重不协调。三是尽管河道两岸栽种有乔灌木，但植被存在形式简单、缺乏层次感等问题，密植的防护灌木阻挡了人们的视线，封闭了河道，阻碍了行人进入，隔断了河道与人的联系。四是在防洪功能方面，也存在功能单一导致河流空间形体与流经的公园相分离。

针对福田河存在的众多问题，2005 年深圳市人民政府在对深圳市中心公园历史遗留的大片果林改造的同时，决定对福田河进行综合治理，并与深圳市中心公园的改造提升统一进行规划设计，以此来解决福田河存在的污染严重、防洪能力低、生态景观不佳等问题。希望通过这些措施营造优美的水岸风景，使其成为公园的有机组成部分。主要措施包括：

一是防洪治理。根据百年一遇洪水滞洪需求，有效滞洪库容需约 19 万立方米。按照百年一遇洪水滞洪区可削减洪水量 24 立方米/秒计算，得出红荔路至笋岗路之间的 E 段东侧滞洪区约 3.7 公顷，西侧低洼凹地滞洪区面积约 2.2 平方千米。

二是改善河道水质。尽管深圳市大力开展截污工作，力图将大量污水回归到污水系统，但由于受到各种条件的限制，福田河截污后仍然有部分污水直接排入河道。此外，初期雨水夹带的污染物也给福田河带来不少的污染负荷。针对这些问题，福田河采用初期雨水收集管涵与分散调蓄池河道污水泵站或初期雨水抽排泵站相结合的方案，对河道进行污水截污，保证河水的水质。管涵布置点从福田河北环箱涵出口，沿河道西侧穿越笔架山公园、中心公园、滨河路箱涵到福田河河口，截流两岸难以分流的少量污水及初期雨水送到滨河污水处理厂，并将处理后的中水回补河道，降低河道中的污染物浓度，促进水体交换，增强河道的自净能力。同时在笋岗西路以南的滞洪湖泊中增加湿地生态岛，再次净化补入河道的中水，使水质达到景观用水的标准，保证河道的水质与水源满足河道的观赏性水体要求。

三是恢复自然生态水岸。位于深圳中心区的福田河担负着城市防洪排水的重任，在 1989 年按照 50 年一遇标准进行了防洪渠化处理，河道、河底、河岸全部采用浆砌石或混凝土护砌，因此福田河呈现"三面光"面貌。尽管这种措施能够达到雨洪畅通，但忽视了河道的景观及生态功能。所以，为了保证城市防洪标线水位以下部位的防洪和防冲刷问题，改造方案中保留福田河原硬质河底，利用拆除弃石采用石笼，作为护岸材料，改造景观水位以上部分河岸。虽然福田河所处地理位置受到洪水冲刷的概率较低，但还存在冲刷、侵蚀作用等因素，河岸采用具有生态性能、抗冲刷能力的生态工程袋做护岸材料。同时对采用石笼和生态工程袋形成的驳岸进行景观绿化，让福田河两岸水泥块的边坡保持土壤的松软度和绿色。另外，沿河增设亲水平台与亭廊，提供水岸休憩和活动空间，满足市民的亲水与赏景要求。

四是加强区块连接和交通建设。深圳市中心公园被城市几条东西走向的主干道分成大小不等的五大片区。南北向的城市干道将五大片区与周边的居住区、商业区隔离开来，同时，几乎没有人行天桥或地下通道这样的安全通道存在，居民难以畅通无阻地到达并游览各个片区。这样的区位特征导致公园各区块相对孤立，缺乏整体性。针对这些问题，深圳市规划设计沿福田河架设东西向的跨河人行、消防车行景观桥，以加强周边环境与公园的联系，并在现有城市干道下面，沿河道建立南北向的下穿人行通道，连接起被城市干道分割的公园各片区，解决各区块间交通链接不畅的问题，使公园整体性得到加强。

五是营造多样性的植被景观，在满足防洪要求的前提下，充分考虑滨水生态系统的功能和结构上的特殊性，结合福田河自身的气质特点，沿河植物设计以 5 月开花的凤凰木为主景，搭配高大常绿乔木，以深圳市花簕杜鹃为花灌木基调，点缀其他开花乔灌木，突出"红色五月，四季有变"的主题特色，营造空间关系明晰、层次丰富、四季变化的河岸植物景观。

福田河综合整治既是深圳市政府实施的一项民心工程，也是深圳市水环境整治重点工程之一。它不仅全面恢复了福田河的生态景观功能，还有效地将河道的防洪标准提高到百年一遇的水平，南北纵贯笔架山公园与中心公园的福田河，成为联系两大公园的纽带，共同构建城市中心区的生态景观走廊。在深圳市委、市政府与水务局的大力推动与指导下，经过设计团队及施工单位、监理单位历时六年的共同努力，福田河综合整治工程已全部完成，产生了良好的生态效益、景观效果和社会效益，获得了社会各界的广泛赞誉。

（二）河岸带治理与生态重建

1. 案例一：欧洲莱茵河

莱茵河是欧洲最重要、最著名的河流之一，发源于瑞士境内阿尔卑斯山，自南向北穿越瑞士、奥地利、德国、法国、卢森堡、比利时和荷兰后流入北海。莱茵河流域人口密集，工业化程度非常高，也是欧洲和世界重要的化工、食品加工、汽车制造、金属冶炼和加工、造船工业中心。人口和工业产生的大量含耗氧物质、重金属、有毒污染物的生活、工业污水，部分污水直排河道，严重污染了莱茵河水质。

莱茵河水体污染以工业污染为主，尤其重金属负荷非常高。富营养化尤其是氮磷污染问题也很突出。此外，法国境内阿尔卑斯钾盐矿开采时有大量副产品——氯化钠被倾倒入河中，使水体氯化物含量超标，下游，尤其是荷兰，土壤盐渍化严重。针对水体污染，莱茵河治理措施主要有以下几方面：

一是成立专门的跨国管理和协调组织。保护莱茵河国际委员会（International Commission for the Protection of the Rhine，ICPR）是莱茵河环保工作的跨国管理和协调组织，于1950年7月11日在瑞士巴塞尔成立，成员国包括瑞士、法国、德国、卢森堡和荷兰。该组织的主要任务有四项：①根据预定目标，准备国际间的流域管理对策和行动计划，开展莱茵河生态系统调查研究，对各对策或行动计划提出合理有效的建议，协调流域各国家的预警计划，综合评估流域各国行动计划效果等。②根据行动计划的规定，做出科学决策。

③每年向莱茵河流域国家提供年度评价报告。④向各国公众通报莱茵河的环境状况和治理成果。

二是重建生态系统。除了改善水质，生态恢复主要是指实施"莱茵河行动计划"的第一条，即"鲑鱼——2000"计划。莱茵河沿岸国家为去除鲑鱼溯游障碍采取了一系列措施：①莱茵河三角洲地区。2008～2012年，哈灵水道开放部分泄水闸，累克河已在拦河坝旁新建三条水道。②下莱茵河地区。进一步改造，降低鲁尔河、乌珀河和齐格河支流水系的堰坝，修建实验性设备以保护鱼类免受涡轮伤害。③中莱茵河地区。1996～1999年，圣巴赫—布鲁克斯水系成功改造了六座河堰，还有六座正在计划改造中。④上莱茵河地区。从依费茨海姆到巴塞尔共164千米的河段中存在十座拦河坝。法国、德国以及周边水电站的运营者共同出资，在依费茨海姆水坝建造了一条鱼道。⑤高莱茵河地区。自1996年划定溯游障碍以来，高莱茵河支流威斯河、比尔河和埃戈尔茨河已有八处障碍得到改造。

三是促使公众参与。环境管理涉及每一个人的利益，理所当然需要公众的广泛参与，以使环保政策得到普遍的认同和执行。例如，德国在1994年颁布了《环境信息法》，规定了公众参与的详细途径、方法和程序，在法律上保证公众享有参与和监督的权力。公众参与水资源利用和保护的途径包括听证会制度、顾问委员制度以及通过媒体或互联网获取监测报告等公开信息，这保证了流域管理措施能够切实符合广大公众的利益。公众环保意识高涨，以各自不同的方式自觉保护莱茵河，成为对流域立体化管理的重要组成部分。

四是"谁污染，谁买单"。此方法通过充分运用经济手段，来保证环保法规的法律效力。因为对于流域管理中的外部不经济问题，法律化的经济手段最为有效。例如，德国在1976年制定了《污水收费法》，向排污者征收污水费，对排污企业征收生态保护税，用以建设污水处理工程。同时，相关法规令污染企业得不到银行贷款，企业声誉和形象也会受到影响，这就促使企业不得不重视环境利益。

五是提高工业部门的管理水平，避免污染事故发生。在德国环境法规中，风险预防是一项最基本的原则，其核心内容是"社会应当通过认真提前规划和阻止潜在的有害行为来寻求避免对环境的破坏"。例如，德国在1975年制定了《洗涤剂和清洁剂法规》，规定了磷酸盐的最大值，又于1990年对含磷洗涤剂加以明文禁止，有效地避免了含磷洗涤剂和化肥的过量使用，遏制了莱茵河的富营养化趋势。

2. 案例二：韩国首尔清溪川

曾经韩国首尔市的排水行洪河道是清溪川，但随着经济、社会的不断变化，该河流受到了严重污染，成为汇集城市污水的"臭水沟"。为改善城市形象，首尔市政府用钢筋混凝土板将清溪川流经城市段覆盖起来，并加筑了高架桥。但这种方式治标不治本，高架桥的出现不仅破坏了清溪川两岸的历史街道结构，还给河流两岸的居民带来了严重的噪声及空气污染。政府为修复生态，协调与自然的关系，发起了对清溪川的复兴改造工程。

清溪川在韩国首尔市中心区域内的长度约为5.5千米，政府将工程设定为一项综合的系统工程，投资4.5亿美元对其进行修复，在修复的过程中，主要是构建河岸线缓冲带，具体的措施如下：

一是设计河道断面：将河道分为三段，根据具体条件的不同对截面进行分段设计。将条件较好的上游地区设置为第一段，通过设置两层高度不同、约22米宽的堤岸缓坡，有效保护自然河道；将用地非常紧张的城市建设密集区设置为第二段，在保证河道行洪宽度的基础上，设置亲水平台，并通过架设规划路和掩埋灌渠等方式，强化河道两侧过水断面上的堤岸空间利用；将用地较缓和的城市建设密集区下游划为第三段，由于此段区域中人的亲水活动较少，故沿河道设置消落带以保护下游河道生态及安全。

二是复建生态。采用平面绿化与垂直绿化的方式保护、恢复本土植物，在全面提升河道岸线的自然环境及生态防护功能的过程中结合自然化、半人工化、人工化的河岸形式。

三是建设基础设施。为促进河道两岸的联系，在不影响流水疏通的前提下，建设多种形式的人行桥和人车混行桥，丰富城市人文景观；利用堤岸空间，修筑方便游人的步道、休息区及大量富有文化意义的亲水平台等，提升城市活力。

清溪川改造完成后，不仅极大地改善了首尔市的生态环境，还促进了清溪川周边商业及居住用地的发展，带动了旅游业的发展，为城市带来了新的经济增长点，取得了良好的经济效应、社会效应和生态效应。

3. 案例三：中国京杭大运河（杭州段）

京杭大运河不仅是杭州市的"城之命脉"，更是中国的"国之瑰宝"。除了作为世界文化遗产，京杭大运河还是哺育杭州效应发展的母亲河，维系城市兴衰。某种程度上说，杭州市的发展史，就是"倚河而兴"的历史。

杭州市以京杭大运河（杭州段）和市区河道综合保护为导向开展"生活品质之城"规划设计。一方面，杭州市坚持以河道有机更新带整治、带保护、带开发、带管理、带改造、带建设，以加快城市有机更新，坚持"截污、护岸、疏浚、引水、绿化、管理、拆违、文化、开发"18字方针，坚持按水系成片治理原则，突出"打造特色旅游线路、加大'双拆'力度和打造滨水慢行系统"三大重点，使杭州市区河道流畅、水清、岸绿、景美、宜居、繁荣。开展综合保护以来，国内外游客和媒体对其的关注度明显提高，杭州市民与大运河越来越亲近。另一方面，杭州市带动大项目、市区联动以及统筹推进基础建设；推进历史建筑保护，危旧房改善、安置房、企业搬迁和地块出让建设；统筹推进文物保护与合理利用，城中村改造，以及运河文化研究与文化复兴。

坚持"保护第一"理念。运河综合保护工程是一项抢救历史文化遗产的工程。百年历史变迁的进程中，由于自然因素及人为因素，运河一带的历史文化遗产损毁严重。因此，运河综合保护工程将保护历史文化遗产就是保护生产力、保护历史文化遗产是最大的政绩、保护历史文化遗产人人有责、保护与发展"鱼"与"熊掌"可以兼得作为其规划设计的理念，坚持保护第一、应保尽保，把现存的历史文化遗产无一例外地保护下来，把已损毁的重要文化景观修旧如旧地修复起来，捡起历史的片段、文明的碎片，展示千年运河的深厚文化底蕴，再现"历史长河""文化长河"的丰富文化内涵。

坚持"生态优先"理念。长期以来，由于排污设施不完善，监督管理不到位，运河实际上成了一个"天然排污场"，成了杭州市区污染最严重、水质最差的河道之一，水体变黑发臭，水质降至劣V类。运河综合保护工程，必须牢固确立生态优先、可持续发展理念，把运河及其两岸真正打造成"城中绿带""生态走廊"，促进人与自然和谐相处。

坚持"文旅并进"理念。京杭大运河（杭州段）曾是人们休闲游乐购物的好去处。特别是京杭大运河（杭州段）北端曾有"十里银湖墅"之称，一度商贾云集，百货登市，一派繁华景象。随着水运主宰地位的丧失，倚借运河航运兴起的沿河商业地段日趋萧条；加上生态环境恶化、自然和人文景观损毁，运河的旅游休闲功能逐渐退化。实施运河综合保护工程，必须立足打造世界级旅游产品，大力推进运河功能调整，摒弃其排污功能，弱化其水利、航运功能，强化其生态、文化、旅游、休闲、商贸、居住功能，丰富旅游内涵，完善旅游服务，再造一个世界级旅游景区，进一步拓展杭州市旅游业的发展空间。

坚持"以人为本"理念。杭州市民曾经将运河两岸作为其居住的"黄金宝地"，但随着工业化进程不断推进，大量工业企业入驻运河沿岸，导致居民小区与工业企业混杂分布；同时运河两岸出现生态环境恶化，基础设施建设滞后的问题。实施运河综合保护工程，必须坚持以人为本、以民为先，把"还河于民、造福于民"作为实施运河综合保护的根本出发点和落脚点，改善运河两岸居民的生活环境特别是居住条件，提高老百姓的生活品质，让人民共享保护成果。

坚持"综合整治"理念。运河保护是一项复杂的系统工程，必须牢固确立综合整治理念，坚持截污、清淤、驳墈、配水、绿化、保护、造景和管理"八位一体"，齐头并进，整体推进。只有这样，才能把运河真正打造成具有时代特征、杭州特色的景观河、生态河、文化河。

4. 案例四：中国杭州西溪国家湿地公园

西溪国家湿地公园（以下简称西溪湿地）坐落于杭州市西湖区的西部，曾经是一片具有悠久历史的原生态低洼湿地，在经历了千年的渔耕开发后，形成了以大量鱼塘为主、以面积较大的洲渚为辅的湿地类型。当地居民的交通则依赖大小港汊和狭窄的塘基，形成桑基鱼塘的平原湿地景观。随着杭州城市的扩张，尤其是绕城高速的修建，西溪湿地逐渐被侵蚀，鱼塘、河流被填平，以修建城市道路、居住社区。同时，西溪湿地内的农村聚落日益膨胀，建筑密度迅速加大，村镇企业规模扩大，使生产和生活污水排放超过了西溪湿地原有的净化水质的能力，因此，西溪湿地水体富营养化，严重影响了湿地生物栖息。

西溪湿地的规划设计工作于 2003 年开始进行，规划总面积 10.08 平方千米。该规划设计将西溪湿地定位为"杭州绿地生态系统的重要组成部分，以保护区域的生态环境、改善湿地公园的水质状况为根本立足点，同时恢复其清雅秀丽的自然景观、底蕴深厚的历史人文景观"。

湿地恢复的关键是水系统的保护。首先，规划设计从保障西溪湿地水资源总量开始。其次，恢复湿地内部河流水体的自净能力，包括恢复和保持水体的生态属性；恢复和保持包括现有池塘、河道水陆边界在内的生态属性；完善西溪湿地的水生和陆生植被等。再次，对污染源从源头上严格控制，包括导致区域内水体恶化的各类污染源，降低地区居民数量、改善土地利用和农业经营方式等进行控制。最后，通过严格控制机动船的数量、速度，鼓励使用传统的手划木船并限制通航，减少航运污染。

西溪国家湿地公园为满足生态结构、历史保护和旅游发展的要求，划分为五个功能区：湿地生态养育区、民俗文化展示区、秋雪庵湿地文化区、曲水庵湿地景观区、湿地自然景观区。从功能分区的角度看，西溪湿地涉及湿地生态、历史文化等方面的内容，项目具有较强的综合特征。它承担着 4 大任务，即保护自然遗产和文化遗产、进行科学研究、科普教育、发展旅游。在建成之后，西溪湿地所在的自然环境得到了极大改善，其生态效应和社会效应是有目共睹的，受到广大市民和游客的青睐。

（三）城市滨水区景观设计与利用开发

1. 案例一：新加坡滨海湾

旅游通常是城市滨水区更新的附属功能，而新加坡滨海湾却将旅游作为城市滨水区的核心功能，成功提升了城市的竞争力。滨海湾发展成全球著名旅游胜地、新加坡的国家形象名片，更是全球城市滨水区更新典范。2005 年新加坡政府将城市建设目标由原本的"花园城市"转向"花园里的城市"，城市绿色环境从好看到好用，从"吸引人来看一看"到"让来的人留下来"。根据城市发展目标，新加坡滨海湾制定出围绕旅游主题的"3E"发展主线，即 Entertain（娱乐）、Explore（探索）、Exchange（交流）。这些理念渗透到CBD 以及新加坡河的更新建设中。

位于新加坡河与新加坡滨海湾交汇处的 CBD，是世界第四大商务区，在新发展战略的推动下，CBD 对滨水码头区的旅游休闲功能起到补充作用。CBD 拓建区与新加坡滨海湾金沙度假区连接，从独立的商务片区演化成为环新加坡滨海湾区的中央活力区。

新加坡滨海湾金沙度假区聘请大师设计，集中布局城市旅游吸引物，汇聚娱乐、休闲、文化、商业、会展等多元功能，全面塑造都市形象感。充满科技与生态技术的新加坡滨海湾花园，则是对"花园里的城市"战略的全新展现。公共景观设施充满科技感和未来感，最具代表性的就是"超级树"垃圾发电站。

全面升级的都市形象，不仅使新加坡滨海湾成为新加坡的活力原点，也使新加坡滨海湾成为 21 世纪新加坡形象的展示区。与新加坡滨海湾相连的新加坡河是新加坡的母亲河，在新加坡滨海湾的更新战略中，承担起展现文化与当地生活的重任。新加坡河沿岸保留了原有英国殖民时期的老建筑，使新加坡河沿岸呈现异域风情。河上设置了多条通航游线，恢复了旧时的特色游船，船上备有特色船餐，极具地域风情。游客可以通过游览全面了解新加坡河的历史文化。新加坡河河道沿线保留着诸多历史悠久的码头，如驳船码头、克拉码头、罗伯逊码头，这些码头周围的建筑改造风格凸显历史与科技的碰撞，功能则注重休闲娱乐、商业餐饮等，打造出居民与游客夜生活聚集地。其中，最为成功的当属克拉码头。克拉码头原本是新加坡的海上贸易中心，经过全新设计，一个科技感十足的屋顶将原来的工厂、仓库和商店串联在一起作为景点，附以餐馆、酒吧等配套设施，使克拉码头成为全天候的休闲娱乐空间。

2. 案例二：美国纽约伊斯特河南岸

美国城市滨水区更新始于 20 世纪 50 年代，纽约是第一批加入更新行列的城市，出于防洪的考虑，曼哈顿的城市滨水区更新更侧重抗击飓风和市民休闲功能。而一河之隔的伊斯特河南岸，却发展成为纽约的科技产业三角区。科技产业三角区由 DUMBO 区、纽约布鲁克林造船厂以及布鲁克林中心区构成，截至 2015 年，科技产业三角区已聚集了 1350 家科技公司，17300 名科技从业者。

DUMBO 区是科技产业三角区的核心。在 20 世纪末，曾是工业区的 DUMBO 区，一度沦为废弃货船堆放地。后来，开发商大卫·瓦伦塔斯买下这片废地，想通过环境重塑，营造生活氛围，带动周边地产项目升值。

2010 年，融合休闲、运动主题的布鲁克林大桥公园建成，迅速成为受市民喜爱的城市公园之一。周边旧厂房改造则保持艺术化的氛围，以配套商业设施和小工作室为主来完善区域的生活配套功能，吸引了很多艺术家入驻。

随着纽约的科技浪潮发展，DUMBO 区凭借紧邻曼哈顿岛、与华尔街一桥之隔的区位优势，以及完善的配套设施和优质的环境成为科技公司入驻的最佳选择。

同时，DUMBO 区也针对科技初创企业推出了降低租金的政策，并联合纽约市经济发展组织、纽约大学、纽约大学理工学院等机构，搭建出针对科技企业的孵化生态链，成功吸引了科技初创企业来此聚集。

如今，DUMBO 区已孵化出涵盖移动通信、生物医疗、数字化媒体等领域的几十家科技企业。这也让和 DUMBO 区一墙之隔的布鲁克林海军造船厂有了重生的希望。

布鲁克林海军造船厂在 20 世纪 90 年代衰落后改造更新为工业园。面对涌入的科技企业，布鲁克林造船厂发挥产业基础，结合巨大的生产空间，针对制造类科技企业打造出绿色科技制造中心，与 DUMBO 区形成科技协同发展。绿色科技制造中心包括教育中心、新实验室（New Lab）、工业设计、制造商、共享制造设备一条龙的科技成果转化服务。吸引 3D 打印、电脑数控机床、机器人、航空等科技制造初创企业来此聚集，伊斯特河南岸成为名副其实的"科技水岸"。

3. 案例三：中国杭州西湖东部湖滨

杭州西湖东部湖滨拥有一条长达几千米的绿带，该绿带平均宽度在 60 米左右，是在 20 世纪 80 年代随着西湖环湖绿地的建设而形成的。西湖东部湖滨绿带根据自身特色，将西湖划分为若干景区，并通过环湖滨水步道将各个部分紧密联系起来。双向四车道的湖滨路是绿带和城市滨水区分界线，滨水区块是杭州市最为重要的商业、旅游区域，人流密集，旅游服务设施较多。作为城市用地与西湖风景区的交界面，滨水区绿带理应是整个杭州滨水区块最具有生活气息的地块，但是由于 20 世纪 80 年代规划设计条件有限，杭州市整体布局未能充分考虑城市市区和西湖风景区的交界，交通、市政、园林、建筑等各自为政，未能促使建成区和湖岸有清晰的视觉和空间互动关系。

2002 年前后，杭州市开始了对西湖东部湖滨街区的规划项目，并设计了西湖东部湖滨区商贸旅游特色街区一期工程。首先是西湖东部湖滨区的交通问题，主要方式是增加湖滨绿带的可达性。一是在距离湖滨 40 米处的湖底挖掘一个四车道、1.5 千米长的湖底隧道来承载过境交通，将路面交通全部迁入隧道。将原有四车道的湖滨路改为多功能的步行街，形成了 650 米长、40 米宽的兼具林荫公园、滨水开放空间功能的步行街。二是根据原有东西方向的道路，打通进入湖滨绿带的步行通道，并将部分通道扩大为节点广场从而在视觉上增加西湖和湖滨街区的空间。三是将湖滨街区与西湖之间的道路整改为慢车道和单行线。

除此之外，另一个重要的设计便是规划杭州市溪流，把西湖湖水引入湖滨街区。杭州市溪流蜿蜒曲折，在沿岸设置了小瀑布、喷泉等，将各式各样的建筑、庭院和广场串联起来，做到杭州市溪流景观带和西湖东部湖滨视觉和形式上的统一。湖滨的概念通过城市溪流自然地向城市内部延伸，使更多的建筑带有江南水乡特色。

（四）城市滨水区重建与复兴

1. 案例一：英国利物浦阿尔伯特码头

20 世纪 80 年代以来，英国立项的大型城市滨水区更新项目超过 200 个。

这些城市滨水区更新项目，有的借助天然条件发展旅游，如加的夫湾、朴茨茅斯港；有的借助区位优势发展新产业，如曼彻斯特索尔福德码头、布里斯托尔湾。但更多的城市滨水区还属于资质平庸型，它们不约而同地选择用文化推动自身更新，其中最具代表性的是利物浦阿尔伯特码头。

利物浦在 19 世纪初扮演着世界最重要的港口城市的角色，当时的港口贸易量，占世界贸易总量的 40%。因为利物浦带来的财富总量曾超过了伦敦，因此被誉为"欧洲的纽约"。到了 20 世纪，港口的衰落使利物浦成为"逃离之城"，曾经的贸易枢纽——阿尔伯特码头关闭。直到 20 世纪 80 年代，在英国滨水区更新的热潮下，阿尔伯特码头开始了漫长的更新改造之路。

起初，阿尔伯特码头只是进行一些城市微更新，收效甚微。直到 1998年，码头的建设管理改为企业主导，阿尔伯特码头开始了二次更新。2003年，二次更新的阿尔伯特码头亮相，包括三大文化改造项目：展现利物浦航海历史的默西塞德郡海事博物馆、展现利物浦艺术气质的泰特美术馆以及展现利物浦音乐魅力的披头士博物馆。其中，披头士博物馆不仅收集了与乐队相关的物品，还复制了披头士摇滚乐队在 20 世纪 60 年代所活跃的演出场所。阿尔伯特码头成为全球披头士迷的朝圣地和利物浦文化旅游的吸引力之源，不仅入选英国最佳旅游景点之一，还在 2004 年入选世界文化遗产，平均每年到访的游客超过 600 万人次。阿尔伯特码头的成功，吸引着更多资本不断注入，也就有了后续的利物浦城市滨水区三大更新项目：曼岛区域更新、"利物浦一号"发展计划以及国王滨水区改造。

曼岛区域更新依然以文化为核心，建成项目包括利物浦世界博物馆（2011 年开馆）及 RIBA North 文化综合体（2017 年开业）。曼岛区域内，被称为"美惠三女神"的历史建筑群，是联合国教育、科学及文化组织认定的世界遗产"海上商业城市利物浦"组成部分。建筑群修旧如旧，植入现代办公和酒店业态，补充完善了曼岛区域的城市功能。2018 年，曼岛在利物浦旅游奖中获得殊荣。

"利物浦一号"占地约 17 公顷，包括商业、办公、居住功能，如英国百货公司 John. Lewis 及 Debenhams 主力店，使利物浦老港区变身为集市民生活、工作和休闲娱乐为一体的城市中心，重现以码头为核心的繁华。

国王滨水区改造包括利物浦体育馆和英国电信会议中心，两者共同成为利物浦举办大型文化活动的舞台，增强了利物浦举办大型活动、会展的功能。

最终，利物浦滨水区形成以阿尔伯特码头为核心的城市中心复兴。同时，丰富的滨水空间成为文化活动举办地，助力利物浦入选 2008 年"欧洲文化之都"。

2. 案例二：法国南特岛

南特岛位于法国西部埃德尔河和卢瓦尔河的交汇处，不仅是法国第六大城市，还是近现代法国重要的造船基地。从古希腊时期它就是重要的船舶制造及运输港口。在 18~19 世纪工业迅速发展和城市整体扩张的背景下，南特岛的造船业和仓储业欣欣向荣。但随着位于卢瓦尔河入海口的圣纳泽尔市取代了南特岛的港口功能，南特岛的造船业逐渐衰退。南特岛经过百年历史发展的沧桑，留下了珍贵的工业遗产。

（1）"岛屿机械"——南特岛造船厂改造项目

2005 年，在景观设计师皮埃尔·奥雷菲斯和弗朗索瓦·德拉罗齐埃尔的带领下，南特岛开启了一个名为"岛屿机械"的项目。该项目不仅塑造了新的城市地标，吸引了大量市民和游客，其引入的顶尖创意机构还带动了周边休闲、娱乐、文化等相关产业的发展，极大地激发了区域的经济活力。与该项目通过对南特岛独具历史特色的造船厂进行改造，不仅保留了工业建筑的主要特征，还延续和发展了南特岛独特的文化内涵。

一是设计创意与南特岛历史脉络相统一，传承与发展独特的工业文化。

作为曾经法国著名的造船业基地和重要港口，南特岛上随处可见各种工业遗迹，而"岛屿机械"项目恰好融合并延续了其工业制造的文化和特点。除了拥有工业优势之外，南特岛还拥有丰富的文化资源。南特岛作为著名科幻小说作家儒勒·凡尔纳的故乡，其发展的"岛屿机械"项目中充满大生产时代特征和想象力的机器形象，让人不自觉地联想到凡尔纳的科幻作品。"岛屿机械"的主要功能与南特造船厂的原有功能和空间高度匹配，减少了对造船厂的改造，维持了其主要的工业特征。新的标志与老的区域相得益彰，真正起到了保护和延续城市文化的作用。

二是改造同时取其精华，塑造具有识别性的城市公共活动空间。

新的艺术工作室是一个集生产、展示、体验及休闲于一体的创意空间，结合新功能，设计师对现有空间进行了重新划分和空间组织。一层设置了机械巨象陈列区、机械艺术馆、咖啡厅及制造工厂，二层设有专门的平台供游人参观现场制造及厂房改造影响展示区。新功能体采用的材料和形式与厂房内其他历史部分截然不同。除机械制造区、展示区外，造船厂通过全部拆除原有外层表面的围护结构来增加建筑的公共性和开放性，人们在可以自由地进入建筑的同时还能方便巨型装置进出。除此之外，造船厂为了在外观上增加建筑的吸引力，还对建筑的入口墙面进行了色彩处理。

（2）滨水公共空间的重塑

除南特造船厂改造项目，另一个在造船厂区域重点打造的复兴项目是改造面向卢瓦尔河 13 平方千米的大型工业滨水公共地带。这个项目涉及的区域是从造船厂前区一直延伸至南特岛最西边的香蕉仓库。

一是在保留原有重要工业要素的同时满足新功能，创造新景观。除厂房、仓库外，该区域环境特征的重要因素还包括遗留的作业场地、设备和构筑物等。在塑造滨水空间时，重要的工业要素在被保留的同时，还能够有机融入新的设计之中。例如，设计师将遗留的船台进行了保留，长达 100 多米的船台承载了场地及船舶制造的历史记忆，由于这些船台具有成为场地内独特的景观要素和场地的天然分界的特征，再加上良好的亲水性使其成为场地改造的重要资源。由于 2 号、3 号船台保存较为完整，因此设计师也根据其从水面逐渐升起的趋势，将其定位为一个观景台。这个观景台面向卢瓦尔河及场地，拥有开敞视野，另外三个破败的船台改造后作为种植的平台，将绿化从场地引向河岸。

巨型设备也具有独特的景观价值。设计师完好保留了 2 号、3 号船台处的轻型起重机及西端威尔逊（Wilson）码头的重型起重机作为场地标志。其他例如活动吊车、局部铁轨等零散的工业遗迹或直接保留，或结合新材料设计成为唤起场地遗存独特记忆的景观小品和设施。

二是恢复生态和开展环保教育。滨水居住区利用了废弃的工业用地作为其部分室外活动空间，而这些曾经用于工业生产的土地或多或少都被污染过，不能直接接触。因此设计师在保留原有场地植被的同时，引入新的植被，逐渐过滤吸收土壤中的污染物质。设计师还构建了一个架空在被污染土地上的新面层，目的是为人们创造可供使用的室外活动空间；在地面面层采用金属网，以便居民更直观地看到下部污染的土地，再结合指示牌说明，增强居民对工业污染的认识，对居民进行环保教育。

3. 案例三：中国上海市黄浦江

黄浦江自 1843 年开埠以来就成了上海城市发展的重要通道，其中作为现代上海的发源地，黄浦江和苏州河的交汇处承担着上海市工业生产、运输、仓储、交通等城市功能。分阶段看黄浦江两岸游憩公共空间演化，可以具体分为四个阶段：萌芽阶段（1843~1949 年）、停滞阶段（1949~1990 年）、初步发展阶段（1990~2002 年）以及复兴阶段（2002 年至今）。就演化规律而言，黄浦江两岸游憩公共空间由"单一型"走向"综合型"，由"主导型"走向"合作型"，由"推倒型"走向"渐进型"。在功能的演化上，黄浦江的游憩从单一的观光、观景功能向文化展示、旅游游憩、休闲商业以及生态功能等多元复合功能转变。

20 世纪 50~90 年代，生产性岸线遍布黄浦江两岸滨水区的多数地段，因此黄浦江当时承接着工业基地建设重任，留下了相当多需要改造的闲置、废弃厂房与仓库。20 世纪 90 年代开始，小陆家嘴地区和外滩完成了一定游憩化更新与游憩资源配置。21 世纪以来，黄浦江两岸滨水区开发序幕逐渐拉开，游憩化进程快速发展。黄浦江两岸用于休闲娱乐的空间数量、规模一直不断增大。在复兴阶段，大量不同种类的游憩公共空间开始分布于黄浦江两岸的杨浦大桥至徐浦大桥之间，并且形成了游憩公共空间的集聚区，在集聚区内主要有显著、次显著以及初步形成三个不同等级的游憩公共空间，其主要作用为工业遗产活化、地标性景观植入以及生态景观建设。

黄浦江是上海大陆水系中最大主干道，是上海文化的"活历史"，黄浦区滨江沿线有外滩万国建筑博览群、老码头、江南造船厂等；浦东区滨江则有民生码头、亚细亚火油栈；作为上海"百年工业"代表，杨浦区滨江更不乏诸如上海船厂、杨树浦水厂、新怡和纱厂等工业遗存。上海市充分保护并合理利用这些历史文化资源。在沿黄浦江地区，打造了可以驱车看江景的景观大道、多层次沿江公共活动空间、充满人文活力的滨水岸线，"宜漫步、可阅读、有温度"的世界级城市滨水公共开放空间。让工厂、仓库变身美术馆、剧院。通过打通滨水通道来增加城市滨水空间，打造生态廊道，形成一张符合上海文化、旅游、商务、生态、居住发展的复合名片，为市民、游客的旅游和休闲提供充足的滨河公共空间。杨浦滨江南段大桥以东 2.7 千米公共空间实现贯通，实现步行道、跑步道、骑行道"三道"贯通，向广大市民开放。同时，这段公共空间还进一步提升"工业遗存博览带、原生景观体验带、三道交织活力带"的"三带"融合，打造内外兼修的滨水公共空间，串起"百年工业博览带"，呈现国际一流滨水空间，努力打造成"世界的会客厅"。

4. 案例四：中国深圳市龙岗河

作为深圳市山海资源最为集中、文化特色最为浓郁的地区，深圳市龙岗区龙岗河滨河休闲绿道为城市绿道 9 号线，龙岗河干流途经三个市政公园和十个社区公园，周边分布有龙城公园、清林径森林公园等绿地。沿岸有求水岭片区、嶂背片区等大型郊野山体，具有公共绿地众多、自然资源密集的特点。

作为龙岗客家的母亲河，龙岗河流域遗留了大量文化遗产。从物质文化遗产的角度看，龙岗河流域周边分布具有客家特色的历史建筑。龙岗河是传承城市记忆、发扬龙岗特色、与居民的日常生活紧密相连的河流。基于此，龙岗河滨河休闲绿道将发展方向设定为"突出龙岗时代文化、客家文化和侨乡文化特色，形成集历史与现代风貌特色于一体的人文景观带"。在保证通勤便利的基础上，龙岗河滨水区发展慢行系统来改善居民的生活方式，使居民健康出行，休闲健身，促进邻里互动，增强居民的集体记忆与场所精神。同时，作为龙岗滨水文化的载体，龙岗河对宣传当地文化起到促进作用。

保障慢行主体安全性。在交通流量较大的城市干道上，为保障慢行主体安全，需在非机动车道划分自行车道、电动车道的独立空间；在缺少慢行系统的道路上，重新分配地面路权；在空间较少的人车混行道路上，利用警戒线进行人车分流，在道路单侧划出特定的慢行道路。在保障日常的出行安全的同时，城市滨水区应与慢行系统相结合，为城市提供应急空间。由于滨水区域由绿地和步道组成，为保证该区域拥有备用的自然及公共卫生突发事件的避难场所，可在部分开敞空间保留可移动的设施，增加城市应对风险的能力。

增强慢行空间连贯性。龙岗河滨水区的慢行活动常常围绕水岸线展开，因此，滨水慢行道可成为连接城市滨水区周边慢行道的纽带。由于连通两岸的桥梁以车行为主、人行为辅，虽然与市政道路相接，但与滨河慢行道路并不相连。因此，龙岗河滨水区应设置若干座专门的慢行桥梁与两岸滨水慢行道路相接，同时赋予人行桥休憩、特色艺术展示等功能，使其成为聚集人群的慢行节点；也可通过下沉式台阶、游径式阶梯或可步行的软质生态驳岸，加强岸上市政道路与亲水慢行道路之间的联系。对于周边的慢行系统，可以设置慢行服务站，在公交站点做好公共交通与慢行交通之间的衔接。

提升慢行活动多样性。保障慢行的便利性、公平性是产生慢行活动的前提，在普通活动人群外，应考虑儿童、老人以及其他弱势群体的特殊慢行需求，为他们提供无障碍通道和设施，以构建一座慢行友好型城市。此外，龙岗河滨水区还可以丰富慢行活动的形式，除去一般的步行、慢跑与骑行外，提供划船、滑板以及滑草、攀岩、障碍前行等慢行活动场所，并举办以龙岗河为主题的赛事活动，如马拉松、彩虹跑、趣味骑行等；除全民参与的活动外，可另外设计以家庭、亲子、情侣、宠物主人与宠物为单位的特色主题活动，促进社交体验感。

三、国内外城市滨水区发展的经验总结

除了上述案例，我们还可以对比英国伦敦泰晤士河、法国巴黎塞纳河、杭州大运河等多个城市的滨水区。它们之所以可以成为城市的象征，吸引着成千上万的游客纷至沓来，不仅因为它们拥有像伦敦桥、巴黎铁塔等著名的建筑，更重要的原因在于从空间环境上具有以下几方面的共同特点：

一是适用性。能满足城市和公众的多种功能需求，城市滨水区环境与其功能相互协调，且全天候向公众开放。

二是多样性。在保证环境健康发展的前提下，在有限的城市滨水区内尽可能丰富自然环境、开放空间和各种功能设施，为公众提供多种可选择的体验。

三是开敞性。水边的空间是向公众开放的界面，在保证不损坏临界面建筑的密度和形式的基础上，保证城市景观轮廓线以及城市滨水区视觉上的通透性。

四是可接近性。包括行动不便者在内的所有人均可不为道路或构筑物所阻隔，步行或通过各种交通工具安全抵达滨水区和水体边缘。

五是延续性。滨水区将林荫的步行道和自行车道连贯起来，且在建设中保持与自然环境和城市文脉的延续性。

综观 20 世纪 60 年代以来国内外城市滨水区重建历程，西方非常注重综合开发利用滨水空间，使很多城市滨水区由原来码头、工业区逐渐转变为综合功能区，这些综合功能区公共活动繁忙、环境良好、地价不断上升。这些滨水区在实现功能转变的过程中非常重视以下四个方面：

一是加强对城市滨水区的开发利用，进行严格监控和引导，尽可能避免城市滨水区不适当的开发建设对滨水资源造成破坏和对城市环境造成不良影响，使城市滨水区保持可持续发展的状态。

二是树立发展战略目标，保障城市滨水区长远的可持续性发展，使城市

滨水区建设朝着有利于市民日常生活、适应城市结构优化的方向发展，有利于环境良性循环。

三是结合城市功能结构特点，充分挖掘和利用各种类型城市滨水区的资源潜力，从整体出发，建立适合城市特点的城市滨水区体系，使不同功能性质的城市滨水区特色通过最充分、最适宜的方式呈现。

四是精心设计城市滨水区空间，使其具有快速便捷的交通条件、舒适优美的环境和选择性强的多种功能区，让城市滨水区在建设形式、环境设计上各具特点，具有极强的可识别性。

第四章

基于水城融合的城市滨水区相关分析

一、城市滨水区功能承载分析

城市滨水空间承载着城市的各类活动，既是城市的中心焦点，也是水体功能与城市功能相融合的天作之合。经过前几章的研究，新的时代背景（相较于过去在城市滨水区设计中不够重视水城融合，到现在全世界先进的规划设计理念都在强调水城融合，以及前述背景分析中所提到的碳排放、韧性城市、生态城市等新的规划设计理念）下，城市滨水区的功能承载可以概括为集聚高品质的公共空间、城市核心功能的重要承载地、功能复合的蓝绿生态走廊、精细化的治理示范区等多功能的城市新活力空间。

（一）高品质的公共空间

自1990年以来，随着城市经济的发展，城市的发展模式逐渐由外延扩张向内涵延伸转变。在这样的历史背景下，中国城市滨水区的更新改造和再开发也呈现日益增长的趋势。上海浦东陆家嘴开发和上海黄浦江两岸地区国际城市设计咨询等城市滨水区规划均表现出了我国各级政府部门对城市滨水地区规划设计和开发建设的高度重视。这种现象也反映了我国对于城市滨水区开发利用的模式正在从资源消耗性利用转向资源保护和合理持续利用的发展模式。

正如泰晤士河的两岸规划都遵循这样一个原则：一切有空间的地方皆能停留，一切有停留的地方皆能交往，一切有交往的地方皆有效益。因此，在泰晤士河的两岸达成了很多有目的的交往。城市滨水区更新改造和再开发应在充分尊重地域历史演进过程中的"生态足迹"（Ecological Footprint）的基础上，与文化内涵、风土人情等滨水活动实现有机结合，保护并凸显历史建筑的形象特色，充分体现以人为本的开发理念，并留出足够的公共开放空间让设计师进行精心设计，能够让所有社会成员都享受到城市滨水区的乐趣和魅力。因此，可以发现高品质的城市滨水公共空间更应当注重延续性、适配性、亲水性、自然性、审美性和便利性等。

1. 延续性——有机连接城市整体

（1）地域的融合

滨水空间作为城市公共空间的重要组成部分，必须与城市有机连接，而不是各自孤立存在。滨水空间只有与城市整体结构连接到一起，才能形成完整的景观系统，才会带来更大的开发价值。区域性的城市更新改造对周边地区发展具有很好的带动作用，这种带动作用无论是正面效应还是负面影响都带有一定的城市性。同样，必须从全局出发考虑城市滨水空间的结构变化，站在城市的角度来考虑主次与取舍，使城市滨水空间建设成为完善和延伸城市整体结构的重要组成部分，最终达到地域融合的效果。

（2）视觉的延续

视觉的延续最主要的是采用何种方法可以避免对景观的遮挡，总结起来滨水景观的视觉延续方法还是有很多的。

1）因地制宜，利用地形地势合理设置观景点，如观景台可设置在地势高的地区，这样就为观看周围的城市景观提供了良好的观景条件。

2）对滨水街区的各类建筑高度进行合理控制，在对其建筑进行建筑布局和形态设计时，要有意识地营造通向水体景观的视觉景观廊道，合理控制临近水域的建筑高度，营造出高低错落的天际线，避免遮挡城市内部建筑朝向水域的景观视线。

3）根据不同城市的气候条件，靠近水体的建筑可采用底层架空或局部透空的建筑形式，这样既可以增加公共活动空间，利于增添一些吸引人的活动，又可以形成滨水景观观赏的视线焦点。

4）室内外空间要保持视觉的延续，可以通过大面积的玻璃幕墙来实现室内外空间的视觉联系。

5）在滨水娱乐休闲区和滨水居住区中采用人工挖通河道方式将水体引入滨水岸线。

6）对于城市滨水区中的重要开放空间与城市整体空间结构，应结合起来考虑，注重特色视觉景观廊道的开辟。

7）为了从水上或对岸都能够更好地欣赏沿河景观，水体环境与城市环境的和谐是十分重要的。必须在确保防洪堤有效预防洪水的基础上进行进一步改造，同时需保证视线的通畅。

8）建筑与水体之间保证间距的合理性，在水边设置连续的散步道和绿化林带，确保水体的可观性和可接近性。

（3）文化的传承

目前城市滨水区的建设存在的最大问题就是千篇一律，归根到底就是因为缺少地方文化特色。文化是景观的灵魂与精髓，所以在城市滨水空间的景观营造中必须灵活传承地方文化特色，从而建设出独一无二的城市滨水空间。

2. 适配性——相应更新用地结构

城市滨水空间的规划设计常常涉及一些衰落或废弃用地的功能变更，针对的是城市滨水空间用地功能单一、水质污染、土地利用空间纵深不足等问题。在进行城市滨水空间的功能调整时，必须复苏城市滨水空间作为重要生活场所的功能。

适配性设计主要包含三个方面：一是保证用地形态的开放性与公共性，实现岸线共享，在滨水街区布置一些商业、休憩和文化设施，避免出现封闭的工业项目；二是强调地下空间的开发，注重立体化设计，尤其体现在立体交通系统中，良好的立体化设计可以为城市滨水空间赢得更多的绿化面积，有效平衡土地开发强度过大和生态失衡的问题；三是强调滨水空间的多功能利用，改变城市滨水空间用地功能区域性的单一化与专一化现象，为市民提供充足的室外活动空间，防止出现由于城市整体功能断裂导致的城市整体潜力不能充分发挥的现象。

3. 亲水性——满足水域可接近性

为了防洪抗灾，城市滨水区的建设常常高筑堤坝，结果造成工程负担大，人们无法接近水体的现象，对城市滨水区的自然生态环境也产生了严重的破坏性。基于这样的情况，城市滨水区建设不能将防灾作为护岸设计的唯一标准，还必须以生态优先为原则，结合城市规划，全面衡量城市滨水区在城市整体空间环境构建中的角色和地位。通过建造不同形式的滨水活动场所和设施吸引人们到达水边，为人们营造可接近的滨水活动空间。

4. 自然性——气候特征不容忽视

城市滨水空间规划设计受气候特征的影响是不容忽视的。与城市其他区域相比，城市滨水空间的形态设计会更多地考虑气候因素对城市滨水区造成的影响：水体的保热效应不同，会导致水陆区域的受热不均，进一步导致局部热压差产生，最终形成水陆风。这种风白天流向城市，夜间流回水体，日夜交替，对城市滨水空间及周边小气候的营造有着至关重要的影响。

在进行城市设计时为灵活运用气候资源条件，就必须做到两点：第一，要保护好水体对气候的调节渠道，如避免大量板式建筑或高层建筑对气流流通的影响。第二，要尽可能地扩大水体对微气候的影响范围。当然，要充分结合各地区气候特征差异性来考虑气候调节的需求，比如热带城市要注意通风隔热的需求，而寒带城市则要满足挡风保暖的需求。不同的气候调节需求需要不同的水体利用方式，这样才能充分发挥水体的作用，营造出适应地方特点、彰显地方特色的城市滨水空间。

5. 审美性——营造特色景观

良好景观序列和特色景观层次的营造是城市滨水空间审美性充分发挥的关键。人对景观的感受不是一成不变的，随着时间、空间的不同，人对景观的感受也会相应变化。城市滨水区是城市空间与水体交接的敏感地带，其景观要素的构成内容相当丰富。因此，在对城市滨水空间进行规划设计的过程中，要把握好其空间的变迁和建筑群体性的概念，使城市滨水区的环境景观能够随着时间、空间的转变而不断完善。同时，人对景观的感受是具有层次性的，无论从前景—中景—远景，还是宏观—中观—微观层面上看，都会产生不同的滨水城市意象。

6. 便利性——便捷的交通系统

城市滨水空间的便利性主要表现为交通的便捷性，主要包括城市滨水区对外交通的可达性、立体化交通通道设计等。对外交通的可达性主要是消除影响城市滨水区联系的空间物理障碍。为了防止新障碍的产生，在城市滨水区范围内可鼓励多种交通方式交叉并行，还可提供适当的停车场；城市滨水区的立体化交通主要是通过交通的地下化及高空化等形式来缓解城市滨水区的交通混乱现状，方便人们到达城市滨水区；城市滨水空间的步行系统包括林荫道、散步道等，更加强调安全性、舒适性、连续性、易达性以及可行性。

（二）功能复合的蓝绿生态走廊

城市蓝绿空间是城市生态网络建设与生态景观塑造的主要内容。城市蓝绿空间规划，应始终贯穿生态基底保育与城市自然融合的生态建设理念。蓝色空间规划以保障城市水生态空间、提升水生态功能、改善水环境质量为主；绿地空间规划应重点抓好"面—线—点"各层级关键节点绿地修复，推进绿地基质、生态绿地廊道、绿地斑块等绿地建设，串联破碎生境，构建完整连贯的绿地生态网络（谢家强等，2019）。

生态廊道是线性或带形的景观生态系统空间类型，城市市域范围内的自然山系、河流、湿地、绿楔、绿道、滨江（河）绿化带、快速路林带、环城林带等都属于生态廊道。城市滨水区生态资源要素齐全、丰富，依托城市山水资源及路网，科学、系统地规划建设城市生态廊道，是新时代生态文明建设的必然要求（余凤生和孙姎，2018）。

基于三生融合的理念要求，蓝绿生态走廊的打造可遵循生态、景观、游憩三位一体的设计理念，即以恢复生态环境为基础、重塑城市滨水区景观形象为手段、满足大众游憩为核心的设计思路（李贵臣等，2011）。

1. 生态修复

生态修复是指修复城市滨水区内的生态环境，营造具有亲水性、可持续发展的城市滨水生态园地。通过梳理城市滨水区周边的生态肌理，充分利用河流、湖泊周边的水岸、坡地、台地、湿地等滨水资源，并结合生态修复、水体绿化等措施，在局部地段采取种植特殊植物或本土植物、营造生态修复廊道等措施，保持河流生态完整性和生物多样性，以期依靠城市滨水区生态系统的自我调节能力，使规划区生态环境向和谐、稳定、可持续的方向演化，最终能够发挥城市"绿肺"的作用，改善城市的生态结构。

2. 景观重塑

城市滨水区景观所具有的特殊性，是最能体现城市文化底蕴的公共开放空间。城市滨水区的景观提升对于塑造城市形象、整合城市人文资源、提升城市整体层次、传承城市历史文脉和文化品位等具有非常积极的意义。通过对城市滨水区景观功能的深层次、多层次认识，从而营造出独具城市人文底蕴的滨水空间，打造具有开放性、亲水性、人文性等鲜明特点的城市滨水区活力形象，同时也唤起当地居民的归属感。

3. 功能整合

城市滨水区作为兼具滨水观赏功能和公共休闲活动的开放空间，必须要对其进行功能整合，目的是创造出集聚休闲娱乐、商务往来与观赏游玩有机结合的多元城市生活空间。因此，可以依托城市滨水区的滨水游憩优势，打造具有活力的滨水商业文化综合中心。在生态修复和景观塑造的基础上，将休闲游憩功能引入城市滨水区。这一做法反映在城市滨水区的用地布局上，就是要保证城市滨水区功能的综合性及城市空间活动和景观的多样性。

（三）城市核心功能的重要承载地

在城市化快速发展进程中，城市城区面积不断扩大，许多原本处于郊外的滨水空间被纳入城市内部，随之而来的是水资源的优化配置、水生态的改善提升等问题。同时，城市滨水空间与居民的生产、生活结合得更加紧密，城市滨水空间的功能需求更加复杂。此外，随着中心城市规模增长速度加快，核心区城市功能的高度集中与周边新城服务功能的不健全加剧了中心城区的交通拥堵、环境质量恶化及居住—就业空间隔离等问题。因此，各大城市尤其是超大城市、特大城市开始寻找一个交通便利、生态环境优美且功能复合的区域作为城市核心区功能疏解重要承载地，由此，城市滨水空间日益成为城市发展过程中不可或缺的构成要素，是强化城市核心功能、展现城市独特魅力、提升城市软实力的重要空间载体。

城市滨水区由于生态敏感性，将瞄准科技前沿，坚持创新引领，严格规范产业准入标准，有序引导高端要素集聚，促进商务、行政等功能与其他城市功能实现有机结合，最终打造以行政办公、商务服务、文化旅游为主导功能的综合性城市滨水区，在城市副中心及周边地区形成优势互补、错位发展的产业新格局：

第一，建设市级行政中心。构建中心城区与城市副中心主副分明、运行高效的城市治理新格局。适度引导相关政务功能向滨河商务区、文化旅游区布局，构建城市副中心行政办公功能大集中、小分散的布局模式。

第二，建设国际化现代商务区。加快核心产业和要素集聚滨水区，出台相关政策，引导区域性金融机构、基金管理机构、符合条件的基金管理公司总部集聚城市滨水区。增强城市滨水区的总部经济发展吸引力，加快要素市场的培育和发展。

第三，建设文化和旅游新窗口。完善与中心城区相协调的相关文旅基础配套、核心设施，打造独具滨水魅力的文化旅游重大项目，逐渐形成传统文化与现代文明交相辉映、历史文脉与时尚创意相得益彰、本土文化与国际文化深度融合、彰显本地特色和多元包容的文旅产业。

第四，搭建科技创新平台。积极吸纳周边城区的创新资源，并加强与城市开发区的合作，建立核心技术转移、科研成果转化等重大技术平台，与城市形成互为支撑和依托的格局。制定技术领先、标准规范的智慧城市建设和运算标准，推进云计算、物联网、空间地理信息集成等新一代信息技术在城市管理的广泛应用。

（四）精细化的治理示范区

充分激发人民群众的主人翁精神，建立多方共治的社会治理体系，充分运用城市大脑和智慧水利等建设成果，完善规划体系，搭建综合地理信息平台，健全智慧网格化管理机制，打造精细化建设与治理的示范区。

第一，统筹优化城市滨水区规划。结合区域转型及城市更新，加快规划编制及完善。加强产业规划研究及布局引导，优化用地结构，加快产业集聚。提高城市滨水区沿岸重点区域规划的精细度，加强城市滨水区服务的人性化设计。通过既有滨水岸线提升和城市更新改造工程，形成城市滨水区多样化天际线轮廓和城市色彩建设示范区。推进中运量交通、慢行系统、公共服务设施、公共空间及绿地品质提升、既有建筑改造利用、土地复合利用、产业布局、水上搜救基地站点布局等专项规划研究，为高标准建设和管理提供科学规划指导。

第二，构建智慧管理平台。结合 5G、大数据、云计算等新型基础设施建设，构建城市滨水区多网协同的无线网络。增设公共空间人工智能互动设施，提升科技感和体验感。加强城市滨水区存量和增量资源信息基础设施建设，完善数据标准，建立滨江生态绿地、文旅资源、景观设施、产业布局、用地资源、人流分布等多个场景应用单元，发挥智慧水利治理体系的综合效应。

第三，加强精细化与规范化管理。进一步提高城市滨水区网格化管理能力和水平，建立面向公共安全与应急联动的空间信息智能平台，实现主要道路、核心景点和重要活力节点的全覆盖。整合梳理各类市容环境管理要素，健全城市滨水区的市容市貌标准体系，推进建立智能及时响应系统，实现市容管理服务保障标准化、规范化、智能化。

第四，探索创新城市滨水区治理模式。创新治理模式，吸引人民群众和各类社会组织参与城市滨水区的管理和监督，坚持党建引领，持续完善城市滨水服务体系，构建"全区域统筹、多方面联动、各领域融合"党建和社会治理格局。强调人人参与、多方共治，将城市滨水区打造成为人民城市建设的示范区。

二、城市滨水区建设的评价标准

据张庭伟《城市滨水区设计与开发》一书的观点，评价一个城市滨水区的开发项目的成功与否，评价标准有三个：一是是否有助于促进城市经济繁荣，增加城市的经济总量，为市政府创造更多的税收；二是是否有助于增加就业机会，为更多市民提供工作岗位；三是是否有助于改善城市市容，反映政府的政绩，增强市民对自己城市的自豪感（刘鹏，2012）。此外，从规划设计的角度来说，一个成功的城市滨水区项目能在不破坏甚至促进生态平衡的基础上，创造出具有当地特色的景观，让市民和外来游客切身体验大自然的美好（朱晗，2022）。

（一）能否创造促进城市经济发展的契机

成功的城市滨水区开发项目都和城市经济紧密相关。在发达国家，开发城市滨水区的目的是对城市进行经济结构调整；而在中国，相当一部分城市的发展依然以水运交通和滨水工业为主，在这些地区对滨水地区进行改造还比较困难。在有条件对滨水地区进行开发的城市，应充分结合本地的资源优势，调整经济结构。开发城市滨水区的最终目标是用城市滨水区的发展促进全市的经济发展，而不是为了城市滨水区的开发而开发。

（二）能否创造更多的就业机会

城市滨水区的开发关系到经济、社会、环境等多个方面。城市滨水区的开发创造了大量的工作机会。例如，服务业、旅游业以及旅游的相关产业都能为公众提供很多就业岗位，而公众走上相应的就业岗位也能唤起公众的参与，从而促进城市滨水区成功开发。

（三）能否创造更吸引人的城市及风貌

开发城市滨水区能直接改善城市环境及面貌，这包含了很多内涵。第一，滨水区生态环境的改善。不仅是表面上城市滨水区的繁荣，还应考虑生态环境的可持续发展，特别是水体质量。要严格管理城市滨水区内可能具有污染的项目，打造人与自然和谐相处的环境。否则，追求短暂的繁荣可能会造成无法挽回的生态损失（余小虎，2006）。第二，提升城市的历史文化内涵。中国的历史文化名城有很多，这些城市各具特色，正是不同的区域文化造就了不同的风土人情。我们应该充分利用当地的资源与特点，打造富有地方特色的城市景观。

三、基于"三生共融"的城市滨水区规划定位分析

新时代背景下，结合国家政策及发展战略，在水城融合的理念指引下，未来，城市滨水区规划可以围绕"安全的滨水""生态的滨水""市民的滨水""引领复兴的滨水"四个方面开展规划研究工作。

（一）安全的滨水

城市河道往往兼具排洪、排涝等作用，传统水利部门治水的工程手段主要是对河道进行裁弯取直，加深河槽，通常采用混凝土浆砌驳岸，加之上下游之间层层堰坝水闸，将一条条自然河流层层捆绑。封闭硬化的堤岸停止了自然河道的沉积和切削的水动力过程，浆砌、缺乏渗透性的驳岸隔断了护堤土体与其上部空间的水气交换和循环，阻碍了河道的自然恢复过程，剥夺了河道的生物多样性；对河岸生态系统的完整性和水系净化作用的发挥构成严重阻碍；同时由于河道的植物充氧，微生物降解等水体自净能力的丧失，也进一步加剧了河水的污染程度（黄凌燕，2018）。

另外，用垂直陡峭的浆砌护岸分割开人和水，使城市滨水区成为"遥远"水面，这一做法严重影响了滨水休闲的生活空间和交互功能的发挥。而在单一水"安全"价值取向下，将自然形成的梯级河道系统简单粗暴地裁弯取直，并视之为"效率"，则无异于暴殄天物。无论是从水生态效率，还是从景观艺术和市民游憩使用等方面来看，这种"效率"都是不可持续的；对天然河床的滞蓄能力的削弱，反而会提高洪水流速，增大瞬时洪峰流量，加强洪水岸线的冲刷，迫使堤防标准进一步提高，最终使城市的人水关系完全对立。造成这种单一价值取向的简单治理模式的原因：一是过分强调防洪功能、机械的功能部分和蓝线划定；二是单纯依赖工程技术，掠夺式地侵占（上部河床）。造成的后果：一是水岸美学功能丧失，附属水面枯竭，丰富的自然水系退化为单一的工程水渠；二是生态功能丧失，生物的滨水栖息地丧失，河道自净能力减弱，季节性断流和超高峰值的洪水频发；三是城市服务功能丧失，成为失去灵性、没有面目、没有活力的水岸与河流。

构建安全的城市滨水区，核心思想是充分发挥河岸与自然水体之间的调节功能，实现水体自净能力的提升；创造有利于多种生物，尤其是两栖类、鱼类生存的空间；保证上游河道对于季节性洪水的蓄滞能力，减缓下游城市的泄洪压力；用多层立体水岸设计代替单一岸线，增强对季节性水面变化的适应性，也可增加市民亲水的机会，为市民提供亲水休闲活动的多样性空间。

（二）生态的滨水

生态的城市滨水区设计的核心理念主要有以下两点：

1. 立体分层的河床与岸线设计

在城市滨水区的生态化改造过程中，核心是恢复滨水河床和河道岸线的生态，这里的恢复不仅包括对已有硬坝应用合理的技术和成熟的材料技术，对单一硬化、浆砌的驳岸进行"松绑""软化"，更重要的是借助多层驳岸来恢复河床岸线应有的活力。具体而言，包括上层驳岸的游憩生境和下层驳岸的水生和两栖类动植物生境，其中既包括多层滨水道路、可淹没底层游步道的材料和技术应用，也包括诸如抛石护岸、石笼等底层岸线的材料和技术的应用。另外，城市滨水区浅水湿地的生境恢复等项目涉及的主导思想是建立一个上下贯通、连续自如的人与动植物混合使用的空间。其中，核心设计环节是城市滨水区的交通设计，在游步道系统内如何通过丰富多样的停驻点、观景点及小型休闲运动空间的设置留住游人；同时通过快速应急通道及工作通道的完备设置，保障城市滨水区对各种城市功能冲突及自然灾害发生的抵御能力，这就是我们通常所说的弹性化设计（Resilient Design）。

第一，多样化自然水岸恢复，恢复河道自然流程及岸线，恢复自然水岸生境；发挥自然河道的蓄滞洪作用，降低流速和水位瞬间峰值，缓解洪水威胁。多样化的水岸恢复的关键在于生境恢复，包括恢复河道的自然流程，主要是通过河道原有中心线的重新标定，并依据自然水流，尤其在峰水位期间稳定的切削与沉积规律，对自然运动着的河流进行活的设计，除中央疏水区域需要确保河道 20 年左右洪峰通过的总容量以外，剩余河床原则上均可采用弹性化设计，规划为具有多样化功能的自然性、间歇性湿地。在此类湿地的设计中，应注意不同水生植物的适应性高度以及按照根系发育程度和净化要求进行植物群落的排序。一般而言，接近中央主河道的污染区域应使用以芦苇为主导的，根系发达的植物。

第二，观赏性植物应结合游人的活动和两栖类生境的营造，大量采用本土观赏草、湿地草本以及漂浮植物组成具有观赏价值的群落系统，并配合抛石和石笼的设置将多种类的两栖类生境容纳于其中。这种岸线的核心是为低于 60 厘米水深的间歇性湿地留下通往河流主渠道的连通通道，保证河流在枯水期的自由运转。

第三，结合河流蓄洪区的设置建立有一定规模的自然性河流湿地，这种湿地本身就具有一定的净化和曝气充氧功能，同时能够接纳一部分湿地休闲、科普、参观活动。使用恢复河道中心线、恢复河道自然流程的方式进行的生态河道改造有一个明显的优势，即河流的自然弯曲度和糙度增加会在相当程度上缓解洪峰的威胁。事实上，洪水并不是我们想象的那样一泻千里，对自然河流通过城市的区段，最佳的岸线设置是利用糙度和弯曲度来缓冲河流，比如迁西滦水湾生态规划案例，在河流城郊上游段使用具有极高粗糙度的河床设置，用大量的浮岛、植床、水塘，帮助滞留过量洪水；中下游城市段将主河道的粗糙度变小，使过水速度加快，配合下游橡胶坝、滚水坝的自动调蓄，不仅可以顺利地错峰通过洪峰，而且使原河道通过多层的水利跌水方式，做一次充分的人工曝气充氧，每过洪峰，河流的内环境则被完整清洁一次，水质得到明显提升，前提是必须配套以河流上流段完整的截污、稳定池、沉淀塘等一系列设施。如果上游生态治理改造未达标，不具备相应生态设施，也很难达到此效果。

第四，完善原生植物群落——建立完整的乔木、灌木草本立体搭配的原生植物群落系统，完善水岸动植物系统，最大程度地实现滨水植物群落的自我演替。

水岸规划的植物设计关键在于完整性和本土性。首先，完整的植物群落所指是从顶层岸堤开始的乔木、灌木、草本的立体化搭配，具体而言，在20年一遇洪水线以上的上部驳岸，均可采用绿色公园的立体模式，其密度和郁闭度均不受水岸设计影响，唯一需要控制的是深根系乔木在极端洪水期对洪水形成的阻碍；在中下层，以灌草为主，构建完整并富有野趣的植物群落，浅水区植物需兼具观赏和植物净化两方面功能。其次是本土性，在以上所有的植物配置当中，核心思想是尽可能使用本土植物和归化植物，因为河道规划的空间尺度一般较大，对整个河道景观影响最大的是植物群落的总体生存和发挥状况，所以植物选择的低成本、本土化使植物利于生存，不仅可以大大降低河道生态改造的建设费用，还可以在河道实施管理维护阶段极大地节省人工维护费用。因此要找寻本土适生的，最好能够实现完全自我演替的植物品种和植物群落；完全不顾植物所在地域的适生情况以及可控性的设计方式是不合适的。比如，相对于先锋类的芦苇和某些观赏草而言，如果不加选择地滥用，其结果是要耗费很高的人工维持费用，这就对园林管理机构造成了沉重负担。总之，在植物选择和搭配的工作中，需要秉持的逻辑是既适合于城市文化，也适合于地理环境，而非单一目标取向的、模式化的生态伦理。

2. 滨水绿地植物生态群落的设计

植物是恢复和完善滨水绿地生态功能的主要途径，所以在设计中应该以绿地的生态效益作为主要目标。在传统植物造景的基础上，除了要注重植物观赏性，还要结合地形的竖向设计，模拟水系形成自然过程所形成的典型地貌特征（如河口、滩涂、湿地等），创造滨水植物适生的地形环境。以恢复城市滨水区的生态品质为目标，综合考虑绿地植物群落的结构。另外，应在滨水生态敏感区引入天然植被要素，比如在合适地区建设滨水生态保护区以及建立多种野生生物栖息地等，建立完整的滨水绿色生态廊道（司苏阳，2015）。

绿化植物品种的选择方面，除常规观赏树种的选择外，还应注重培育地方性的耐水湿植物或水生植物，同时高度重视水滨的复合植被群落，它们对河岸水际带和堤内地带等生态交错带尤其重要；植物品种的选择要根据景观、生态等多方面的要求，还要在适地、适树的基础上注重增加植物群落的多样性，利用不同地段自然条件的差异，配置各具特色的人工植物群落。常用的水生植物、耐水湿植物包括垂柳、水杉、池杉、芦苇、菖蒲、香蒲、荷花、菱角、泽泻、水葱、茭白、睡莲、千屈菜、萍蓬草等。

城市滨水绿地绿化应尽可能自然化，模仿自然生态群落的结构。具体要求：一是植物的搭配，地被花草、低矮灌木与高大乔木组合应尽量符合水滨自然植被群落的结构特征。二是在滨水生态敏感区引入天然植被要素，比如在合适地区植树造林，在河口和河流分合处创建湿地，转变养护方式培育自然草地以及建立多种野生生物栖身地等。这些仿自然生态群落在能源、资源和人力消耗上具有较高的经济性，能够自我维护，且具有较高的环境效益、社会效益和美学效益。

众所周知，我国部分河道水质严重污染。由于工业和生活污水的排放管理不够严格，很多城市直接将污水排入城市内部河道，如果不治理，这样的河道不仅不能改善城市环境，反而进一步成为新的污染源。目前，我国利用滨水植物改善水质污染的技术已经取得很大发展，例如四川成都活水公园就是一个成功范例，它利用府河、南河河道改造出大面积滨水浅滩，栽植大量水生、沼生植物，通过植物吸收过滤和降解水中污染物，取得良好效果。与普通的污水处理厂相比，利用滨水湿地植物净化水质的方法具有成本低、效果持久、多效兼顾等特点。这种思路对于城市滨水区绿地改造等相关实践值得借鉴。

（三）市民的滨水

城市滨水区过度设计并不意味着多种选择、多种机遇。过宽的河道很难将城市滨水区的人气聚拢起来；过大的滨水广场会造成低利用率以及日常活动空间的缺乏。城市滨水区的规划建设应把增强水岸的活力与人气作为重点。

第一，建设多层次水岸带，增强承载力，提供多种城市活动机遇。相关的内容包括：提高上下部河床、堤内外绿地结合度，提供舒适、便利、富有吸引力的游览路径，创造多样化的活动场所。绿地内部设计应追求舒适、便利、美观。其中，舒适要求路面局部较平整，符合游人的使用尺度。方便要求道路线形设计方便快捷，提升各活动场所的可达性。现代滨水绿地内部道路设计考虑观景、游览趣味与空间的营造，平面上多采用弯曲自然的线形组织环行道路系统，或采用直线和弧线、曲线结合，道路与广场结合等形式串联入口和各节点以及沟通周边街道空间；立面上随地形起伏，构成多种形式、不同风格的道路系统。而美观是绿地道路设计的基本要求，与其他道路相比，园林绿地内部道路更注重路面材料的选择和图案的装饰以达到美观的效果，从而创造多样化的活动场所和道路景观。

第二，可达的水岸——提高滨水区域使用效率。城市滨水区应提供人车分流、和谐共存的道路系统，串联各出入口、活动广场、景观节点等内部开放空间和绿地周边街道空间。这里所说的人车分流是指游人的步行道路系统和车辆使用的道路系统分别组织、规划（周建东，2007）。一般步行道路系统主要满足游人散步、动态观赏等需求，串联各出入口、活动广场、景观节点等内部开放空间，主要由游览步道、台阶登道步石、汀步、栈道等几种类型组成。车辆道路系统（一般针对较大面积的滨水绿地考虑设置，一般小型带状滨水绿地车辆道路系统采用外部街道代替）主要包括机动车道路（用于消防、游览、养护等）和非机动车道路（主要满足游客利用自行车和游览人力车游乐、游览和锻炼的需求），连接与绿地相邻的周边街道空间。规划时宜根据环境特征和使用要求分别组织，避免相互干扰。

第三，亲水性空间设置——可淹没的多层亲水平台。城市滨水区应提供安全、舒适的亲水设施和多样的亲水步道，增进人际交往与地域感。滨水绿地是自然地貌特征最为丰富的景观绿地类型，其本质特征是拥有开阔的水面和多变的临水空间，对其内部道路系统的规划可以充分利用这些基础地貌特征创造多样化的活动场所，诸如临水游览步道、伸入水面的平台、码头，栈道以及贯穿绿地内部各节点、各种形式的游览道路、休息广场等，结合栏杆、坐凳、台阶等小品，提供安全、舒适的亲水设施和多样的亲水步道，以增进人际交流，创造个性化活动空间。具体设计时应结合环境特征，在材料选择、道路线形、道路形式与道路结构等方面分别对待，材料选择以当地乡土材料和可渗透材料为主，增进道路空间的生态性，增进人际交往与地域感。

（四）引领复兴的滨水

水是文化的载体，古代城市河流曾经孕育了灿烂的城市文明，现代城市河流承载了城市发展的记忆，这种对集体记忆的承载必须在城市设计过程中加以凸显，滨水规划设计如果没有体现地域性特征，滨水景观必然缺乏特色，导致"千城一面"，无法表现当地景观特有的生命力。河流地域特色以及文化身份的丧失导致了"千河一面"，继而"千城一面"，这是城市滨水区规划的主要症结所在。

城市河流治理，不仅要顾及其水利功能与经济功能，更要开发其文化功能。城市滨水区的复兴过程，既是水利安全、城市更新、景观提升等价值的实现过程，也是地域文脉植入和城市文化身份认同的过程。20世纪90年代，钱学森提出的"山水城市"设想，很快得到我国建筑学界泰斗吴良镛的赞同，并从人居环境整体发展的高度总结出全新的人居环境理论，其本质也是在满足功能、生态等条件下，进一步提升城市综合山水环境和人文地域线索，此例足以说明，创作有地域文化特色的、有身份的滨水越来越成为滨水再开发、城市区域复兴的焦点和着力点。

有型的滨水区既能凸显国际化都市的标志形象，又与当地的文化、历史紧密联系，我们称之为"有身份的滨水"。河流在时间和空间两方面所表现出的联系性就是一个城市母亲河的身份所在，每一条城市的河流中都流淌着自己独特而有魅力的故事，这些故事往往早已融入城市的个性。城市功能的演绎必须"因水而变"，在治理河流的过程中，不仅不能把这些故事湮没，更要创造新的故事为其增添新的风采。到时候，人们看到的是一处处旖旎的风光，听到的是一个个彰显城市与河流性格的故事。

缺少此方面特征的景观规划，或随意抹去这两方面的既有特征，都会造成风貌、特色的丧失，文化的缺失，最终造成无个性、无表情、无身份的"三无"河道，正如上海的黄浦江、天津的海河、重庆的嘉陵江等。城市失去了这些母亲河，便失去了这些城市的文化记忆。新一轮滨水开发理应运用技术艺术手段寻回缺失的集体记忆，这是我们提出重回母亲河、重回精明增长的重要出发点之一。

第五章

基于水城融合的城市滨水区规划实践案例

　　城市发展过程中滨水区与生态、生活、生产等要素关系密切。同时，在城市滨水区规划的进程中，城市滨水区不断地通过自身要素或结构的调整去适应城市环境的变化。通过前述对城市滨水区规划理论的研究，明晰了世界级滨水区的理念导向、关注重点、开发模式和主流的手段策略。对于规划理念和创新性理论的应用，尚需要以实际项目的实践成果作为理论的验证载体和转化途径。本章节聚焦于国内不同城市滨水区优化提升的演化，通过对国内城市滨水区的空间规划过程进行梳理和归纳，对于"三生融合"理论、"XOD"理论、"金镶玉开发模式"、"生态类基础设施社区化"以及"数字化"等城市滨水区规划设计理念的实践应用进行了适应性探索，希望藉此抛砖引玉，为国内滨水区的规划建设提供借鉴。

一、韧性生态水城

（一）杭州市富春未来城蓝绿空间规划

1. 项目概况

杭州市桐庐县，自古有"钱塘江尽到桐庐，水碧山青画不如"的美誉。元代大画家黄公望的《富春山居图》大部分描绘的是桐庐的景色（见图5-1）。同时，桐庐是"西湖—千岛湖—黄山"黄金旅游通道上"山水城市"理念的展示窗口、杭城半小时生活圈的同城飞地、战略东进向杭发展的城市中脊。

图5-1　《富春山居图》中的桐庐景色

2. 规划主要任务和构思

富春未来城"蓝绿空间"规划依托片区机遇研判，立足场地现状，肩负建设"最美城市建设新典范，生态价值转化先行区"的片区使命，形成"两城两地两区"的规划定位。

3. 规划目标

（1）山水生态城、年轻活力城

山水生态城：坚持生产、生活、生态"三生融合"理念，充分展现富春未来城依山面水、两溪环抱、显山露水、通山达江的特质，营造自然生态蓝绿交织、人与自然和谐共生、高品位高幸福感的优质人居环境，成为穿插在山水中的"公园城市"。

年轻活力城：富春未来城让年轻人成为区块主色调，让青春之歌成为主旋律，要以最宜居的环境、最美好的梦想吸引年轻人，让年轻人成为未来城市的发展活力源，成为最核心的创新力量。

城市竞争最后是年轻人的竞争，一个不能吸引年轻人进入的城市是没有未来的，一个不能让市民有品质获得感和生活幸福感的城市也是不可持续发展的。为此，城市设计要更科学、城市功能要更完备、配套设施要更高效、人才政策要更具"含金量"，为年轻人提供小众服务和定制服务，为不同喜好的年轻人打造不同特色的城市片区，使富春未来城不仅宜居，还要造梦，聚集一批有梦想的年轻人。

（2）创新要素集聚地、未来生活展示地

创新要素集聚地：富春未来城集聚创新业态、创新要素、创新人才，让城市为科技创新模式和创新体制提供全新的开发环境。坚持把人才引育、科研机构招引摆在优先位置，大力引进科研院所、研究型人才和研究项目，吸引杭州都市圈企业设立卫星办公室、创新实验室，将富春未来城打造成为源头创新、技术转化、产业应用的平台和桥梁。

未来生活展示地：富春未来城融入"未来社区"理念，通过绿色、开放、共享等先进理念的植入，以及新一代信息技术的集成应用，构建以人为核心的未来发展模式，为生活在这里的居民提供有归属感、舒适感和未来感的社区环境。人居方面"最快网速+最慢生活"，在出行方面"快交通+慢休闲"，空间体系方面"多功能+小尺度"，在政务服务上"少层级+高服务"，呈现了"现代生活+传统人文"的有机融合。

（3）"社会治理创新区、未来县域城市样板区"

社会治理创新区：在社会治理创新中，富春未来城树立"平台城市"的理念，积极鼓励和引导各方面的人组织参与城市治理。发挥好"城市大脑"先行区的优势，建好"城市大脑"桐庐平台，积极引进支持城市治理的人才、基础设施和技术，把"城市大脑"的管理理念和技术运用于城市管理、社会治理，提升城市精细化、数字化、社会化管理水平，形成"细管、智管、众管"的共建共治共享模式，推动富春未来城露新貌、展新颜。

未来县域城市样板区：富春未来城将未来发展理念融入整个县域发展体系，让桐庐未来城市技术与城市形态充分融合，使城市功能布局与产业转型升级、培育发展相匹配，与市民生活需求和活动规律相适应，让县域城市体验对人更具有吸引力，让城市公共设施的配置更加追求效率，城市功能的提供更加具有定制化。

4. 规划结构与布局

富春未来城规划通过区域山水廊道分级保护（见图5-2）、蓝绿空间廊道宽度控制（见图5-3）、高密度蓝绿空间网络（见图5-4）、连续的山水穿梭绿道（见图5-5）、多样的山水活动和生态环境导向的城市地标等对策，实现"安全零风险，山水零距离"的目标愿景。

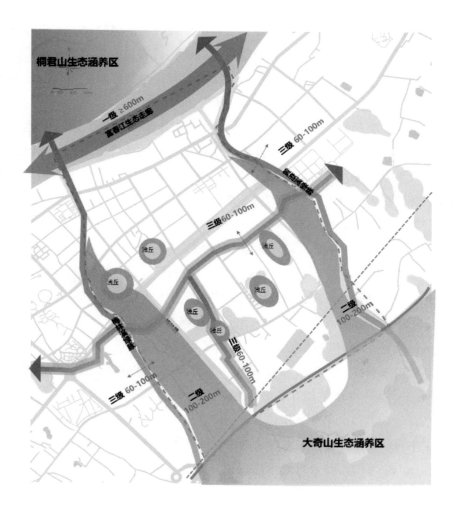

图5-2 区域山水廊道分级保护

资料来源：中国电建集团华东勘测设计研究院有限公司。

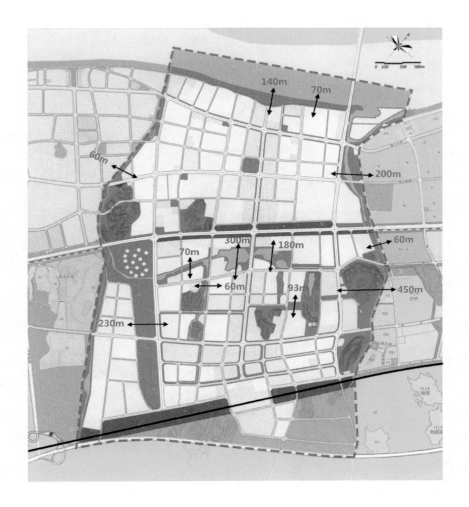

图 5-3 蓝绿空间廊道宽度控制

资料来源：中国电建集团华东勘测设计研究院有限公司。

5. 规划创新

富春未来城项目重点进行了内环蓝绿空间的方案设计，以《富春山居图》的山水意境结合场地的资源禀赋，通过理水弹性化、体验多样化、空间立体化、设施智能化的设计策略，构建一环（富春未来城山水生态活力环），四区（站前休闲区、宜居生态区、中央活力区（见图 5-6~图 5-9）、山居文化区）的功能结构，目的是打造现代都市里的"野趣天堂"。

图 5-4　高密度蓝绿空间网络

资料来源：中国电建集团华东勘测设计研究院有限公司。

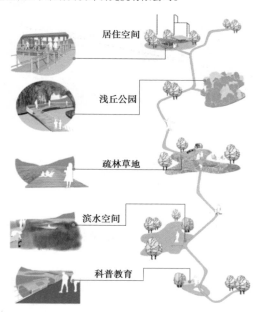

图 5-5　连续的山水穿梭绿道

资料来源：中国电建集团华东勘测设计研究院有限公司。

图 5-6　中央活力区鸟瞰图

资料来源：中国电建集团华东勘测设计研究院有限公司。

图 5-7　中央活力区——水上舞台

资料来源：中国电建集团华东勘测设计研究院有限公司。

图 5-8　中央活力区——桐庐之心观景台

资料来源：中国电建集团华东勘测设计研究院有限公司。

图 5-9　中央活力区——艺术山丘

资料来源：中国电建集团华东勘测设计研究院有限公司。

6. 技术要点

富春未来城对水安全、水资源、水环境三个技术要点进行了专题研究。

（1）水安全保障

桐庐富春未来城防洪排涝总体格局为"上蓄、中截、下排"。

"上蓄"——利用溪旁水库、山塘等，蓄滞部分山洪。蓄滞的山洪通过涵洞的方式穿过杭黄高铁线路进入金竹溪、梅林溪和黄潦溪等溪流。富春未来城规划建议通过河道清淤、挖深、拓宽等方式，保证水安全。

"中截"——利用扩建富春南渠，汇截南渠以南上游区域山洪，通过分水闸经黄潦溪及梅林溪排入富春江。

"下排"——外江高水位时，富春南渠以北城区涝水利用泵站排入富春江。

未来湖作为富春未来城"海绵城市"建设中的子项，在区域防洪排涝格局中发挥一定的"上蓄"作用，可减轻局部区域洪涝威胁。

（2）水资源保障

1）湖渠分开。

富春南渠于 1959 年动工，1972 年建成通水，2008 年改建，全长 1.27 千米，主要承担城南街道、凤川街道、江南镇等沿线地区的防洪、灌溉和生产生活用水等功能。为保障未来湖高品质的水质安全和高标准的防洪安全，使污水不入湖、洪水不入湖，富春南渠在工程上按"湖渠分开"的方案布置，引水方案均在此基础上布局。

采用新建箱涵和未来湖两端设节制闸，实现"湖渠分开"。根据核算，为保障新建暗渠满足原过水需要，上下游规模相匹配，新建箱涵规模为双孔 3.0×3.5 米矩形涵，长度为 2.2 千米。

2）引水路线。

未来湖引水管线自溪旁水库库尾放空管引水，至项目范围内全长约 3.6 千米，采用 Ø500 球墨铸铁管。

未来湖引水管线整体沿洋洲南路南侧敷设，在项目范围内设置四处出水口，具体设置位置为：①金竹溪上游广丰路北侧出水口；②金竹溪拦水土堰下游出水口；③富春南渠高水位区出水口；④未来湖高水位区出水口。

未来湖引水管线全线长约 1.5 千米，整体沿原富春南渠南侧，项目红线南侧敷设，中间段约 150 米，穿未来湖而过，上部结合景观设计，形成高低水位区。

（3）水环境保障

通过富春南渠配水保障未来湖湖体水体循环。

富春南渠的水质考核标准为Ⅲ类，为保证水质，规划提出五大措施。

第一，截污纳管：未来湖及富春南渠两岸应进行截污纳管，保障污水不入湖、不入渠。可在金竹溪汇入口设置沉砂池和生态湿地对水质进行预处理，提高洪水期入湖水体的水质。

第二，净化地表径流：地表径流经过植被和台地的层层过滤，减慢速度，过滤携带的泥沙沉积物和其他污染物，再排入岸线缓冲带，经过水生植物的进一步净化，最后排入富春南渠和未来湖。

第三，曝气增氧：通过喷泉曝气、推流曝气等措施增加水体的含氧量。

第四，植物净化：通过种植挺水植物、浮水植物以及沉水植物，吸收水中过多的氮、磷、钾。

第五，微生物净化：通过 FBR 生物床、投放鱼类、蚌类及微生物，构建水生态系统，未来湖体上游和下游可采用拦截网等工程措施防止鱼类流失。

7. 规划效果

"富春未来城，居然山水间"。本规划旨在营造一个"安全零风险，山水零距离"，在现代都市里游山玩水的未来山居。

（二）丽水市瓯江河川公园规划

1. 项目概况

丽水市作为习近平总书记"两山"理念的重要萌发地，多年来在"两山"理论的指导下，坚持生态优先、绿色发展，一直致力于生态产品价值实现机制的探索和实践。丽水市是浙江省的生态屏障，是瓯江、钱塘江、飞云江、灵江、闽江、椒江六大水系的发源地，被誉为"六江源头"。瓯江是浙江省的第二大江，其中市域干流全长 309.4 千米，是丽水人民的母亲河。丽水市为践行生态文明建设总体要求，落实《浙江省大花园核心区（丽水市）建设规划》《关于支持浙江丽水开展生态产品价值实现机制试点的意见》《浙江（丽水）绿色发展改革创新区总体方案》等相关规划任务，系统梳理瓯江流域的公共开放空间，实现多规合一，统筹平衡瓯江流域保护与发展，促进流域内生态产品价值的转换，为"一江两岸"人民创造理想家园，制定本规划。

2. 规划构思

丽水，素有"中国生态第一市"的美誉，山是江浙之巅，水是六江之源，森林覆盖率达到 81.7%，生态环境状况指数已从 2004 年起连续 15 年居全省第一，先后成为首批国家生态文明先行示范区、首批国家生态保护和建设示范区、全国水生态文明城市，入选首批国家气候适应型城市建设试点，是华东古老植物的摇篮和华东地区重要的生态安全屏障。

丽水市文化资源丰富。瓯江作为千年海上丝绸之路的重要一脉，衍生了瓯越文化、现代商贸文化。丽水市同时也是古代中国山水诗的萌发地；获评首批"中国民间艺术之乡"，有 3 项联合国教育科学文化组织人类非物质文化遗产，18 项国家级非物质文化遗产，"丽水三宝"龙泉青瓷、龙泉宝剑和青田石雕蜚声中外；通济堰是世界灌溉工程遗产，青田县"稻田养鱼"模式是首批全球重要农业文化遗产保护试点。全市现存 257 个国家级传统村落，是华东地区古村落数量最多、风貌最完整的地区，被誉为"江南最后的秘境"。此外，丽水市的红色文化、华侨文化、畲族文化、摄影文化等都是独具特色的地方本土文化品牌。优良的资源禀赋为丽水市深入推进瓯江河川公园建设工作创造了先决条件。

城市水系及城市滨水空间是人与自然交互最为剧烈的区域，同时也是生态较为脆弱的地区，如何统筹协调保护、利用和持续发展是流域管理的重中之重。丽水市瓯江河川公园规划（本节称本规划）旨在通过水域网络构建、生态屏障维护、河川脉络梳理、游览及监管体系的完善，打造一处河流风景中的理想生活体验区，并希望通过瓯江河川公园建设探索瓯江绿色生态产品价值转换的实施路径，激活丽水绿色创新改革发展的内生动力，从而成为引领浙江省"大花园"建设的核心载体。

本规划可以归纳为三个步骤：第一，提出问题。如何保护、如何利用、如何持续。第二，分析问题。从基于生态系统服务评估、蓝绿廊道分析（河湖健康评价及生态安全格局构建）以及风景资源评价等进行场地分析，结合宏观发展策略及相关规划等进行政策解读。第三，解决问题。从规划角度出发，探讨如何系统保护水系健康、综合利用滨水空间、持续转化生态价值，进而打造河流风景中的理想生活体验区。

本项目的规划思路如图 5-10 所示。

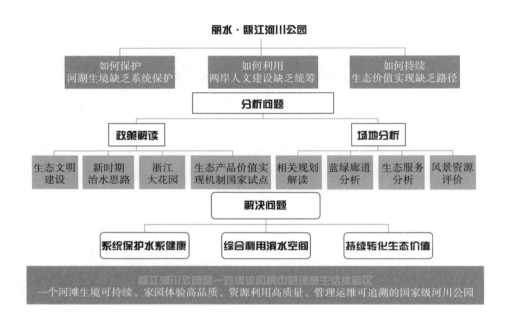

图 5-10　瓯江河川公园规划思路

资料来源：中国电建集团华东勘测设计研究院有限公司。

3. 规划目标

一江如画：科学维护瓯江河川原生自然风貌；通过河湖生态系统的完整性保护、流域水系的系统性治理，构建安全健康、生机盎然的瓯江流域水生态环境，还河流以天然本色。

两岸生辉：活态延续瓯江沿线人文脉络特色；合理管控河湖水系与沿江城镇、乡村区域的互动发展关系，并深入挖掘沿线水文化历史、人文典故，强化滨水空间的特色性展现，将瓯江的独特人文魅力，延续到两岸居民的生活之中。

三产共创：丽水市有序探索瓯江绿色生产生活方式，结合瓯江流域沿线各区（县、市）丰富多样的资源禀赋，通过沿江产业发展引导、河流生态产品价值转换的探索实践，优化沿江产业布局，打造瓯江特色产品品牌，激发瓯江绿色经济新活力。

4. 规划结构与布局

在加快生态文明体制改革，建设美丽中国的新时代背景下，丽水市坚持贯彻"节水优先、空间均衡、系统治理、两手发力"的新时期方针，在浙江省建设"大花园"的战略部署要求中结合自身实际，着手开展瓯江河川公园规划工作，着眼瓯江本体生态环境以及"一江两岸"公共开放空间，呈现"一江丝路盛景，十城秀美河川，百里滨水画卷，千村碧水萦绕"的美好景致。打造一处河流风景中的理想生活体验区，一个河湖生境持续健康、水岸生活品质幸福、资源利用优质高效、运营维护安全智慧的国家级河川公园；实现"一江如画、两岸生辉、三产共创"的规划目标；形成"一带三区贯全域，四廊十水联碧脉，十园十品秀河川"规划构架（见图5-11）。

（1）一带三区

"一带三区"贯全域。宏观层面结合丽水市"一带三区"战略部署，结合水利工作实际，从三个方面做好"一带三区"。第一，依托瓯江发达的水系网络，对全流域山水林田湖草资源进行系统性的保护与开发，构建系统性的生态安全格局，实现跨山统筹。第二，以现状自然风貌为基础，通过有针对性的空间管控，合理调配资源，打造四大生态功能分区，促进生态产品的价值转换与实现，落实创新引领。第三，结合三区发展方向，借助瓯江河川公园建设提升沿江品质，深化文旅融合，并借助山海协作契机，合力问海借力。

（2）四廊十水

"四廊十水"联碧脉。中观层面聚焦河流本底，系统构建健康活力、天然诗意的瓯江水系。本规划通过系统性的踏勘调研、河湖健康评价、生态安全格局构建、现有功能分区梳理，全面掌握沿线生态源地、珍稀动植物、洲

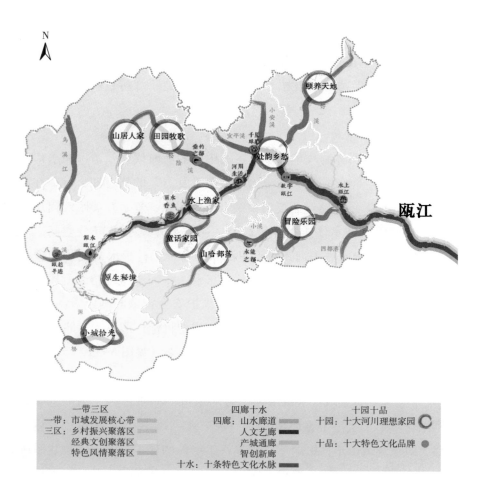

图 5-11　规划功能结构

资料来源：中国电建集团华东勘测设计研究院有限公司。

滩湿地及原生河段的分布，提出系统性的生境保护与维护措施，从水土流失强度、河湖纵向连通性、人工干扰度、河流蜿蜒度、植被覆盖度等多方面提出系统修复和治理措施。首创"瓯江 RIM 平台"，实现对瓯江的各条河流信息的完整映射，为瓯江河川公园提供全生命周期的决策支持，从而保护河流生境完整，打造"四廊十水"。

"四廊"即八百里瓯江所承载的四条廊道,是展现丽水市自然山水格局的生态绿廊,是承载千年历史文艺的人文艺廊,是复兴海上丝绸之路、带动沿线发展的产城通廊,是展现丽水,披荆斩棘、奋勇争先精神,引领时代脉搏的智创兴廊。

"十水"即十条与城镇空间关系密切的河流,结合其自身流域水系特点及沿线城镇风貌,打造十条特色水脉,包括田园茶香——松阴溪、人文璀璨——八都溪、灵动太极——宣平溪、一吻千年——小安溪、山水童话——浮云溪、原色原乡——乌溪江、三乡廊道——四都港、炫彩秀丽——小溪、九曲绿廊——好溪、醉美桥溪——松源溪,串联水域美景。

(3)十园十品

"十园十品"秀河川。微观层面系统规划十大河川理想家园与十大河川特色文化品牌。通过对瓯江流域沿线自然人文特色的整合串联,勾勒出属于河流风景中理想的生活状态与健康的生活方式,重点打造原生秘境、田园牧歌、童话家园、山哈部落、冒险乐园、水上渔家、颐养天地、小城拾光、山居人家、处韵乡愁十大理想家园类型(见图5-12),展现多样的河川风景;并通过本次规划梳理河川自身的绿化生态产品价值,打造河川生活、水能之都、源水瓯江、瓯江溯源、数字瓯江、丽水香鱼、千里绿道、瓯越寻迹、水上瓯江、垂钓之都十大文化品牌,助力河川绿色生态产品价值的转换与利用。

5. 规划创新

本规划旨在通过水域网络构建、生态屏障维护、河川脉络梳理、游览及监管体系的完善,打造一处河流风景中的理想生活体验区,并希望通过瓯江河川公园建设探索瓯江绿色生态产品价值转换的实施路径,激活丽水绿色创新改革发展的内生动力,从而成为引领浙江大花园建设的核心载体。

本规划充分利用现状场地调查分析结果、河湖生态系统健康性评估与生态安全格局分析结果、风景资源评价分析结果及现有功能分区分布情况,提出六大规划策略。

科学保护河川——本规划以河湖健康评价结果、生态安全格局构建结果为导向,确定原生河段位置、重要的生态源地、生态廊道及战略点,提出针

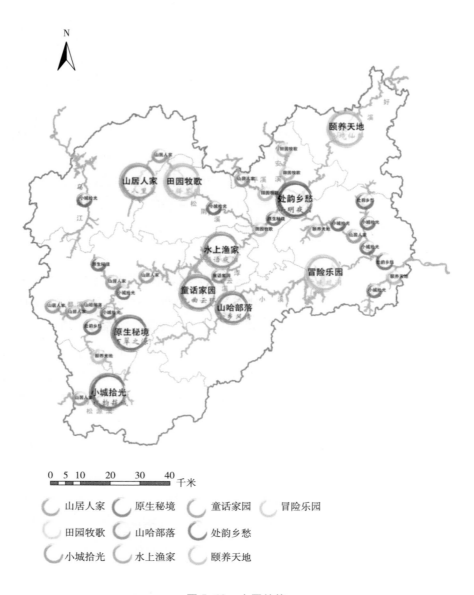

图 5-12　十园结构

资料来源：中国电建集团华东勘测设计研究院有限公司。

对河流生境、生物多样性保护与促进措施。

统筹治理河川——本规划根据场地调研实际与河湖健康评价结果综合梳

理分析，针对现状，对主要胁迫因子——水土流失、河湖连通性、人工干扰度、河湖岸带生态化、植被覆盖率等问题提出系统性的修复、治理措施。

有序管控河川——本规划在对沿线河流资源梳理、两岸生态景观板块研究、产业类型分析的基础上，结合"三线一单""生态保护红线"的相关要求与划分成果，统筹考虑河流生态"保护"与"利用"的关系，从产业发展、周边风貌、滨水空间建设强度、河流本地保护措施等多方面提出合理的分区管控方案。

系统串联河川——本规划通过对一江两岸生态资源、人文资源、产业资源、交通资源的全面梳理，整合思考河流沿线生态动植物资源、人文遗迹资源、景区景点资源、产业特色资源、交通通达性的分布情况，有针对性地营造特色河流景观，并将其串联整合，展现瓯江河川魅力。

数字孪生河川——结合本次规划建设，构建起瓯江全流域一体化智慧信息平台，实现瓯江河川公园空间数据一网集成、调度决策科学高效、公众服务全面覆盖、系统应用多端便捷、运行维护稳定可靠的现代化、智慧化管理，从而有效提升水务管理部门的协同工作效率和瓯江河川公园整体运营管理水平。

绿色探索河川——本规划结合联合国《千年生态系统评估报告》，对瓯江流域沿线的生态系统服务要素进行分类，并结合生态系统服务的四种服务类型，提出有针对性的绿色生态产品价值转化路径。

6. 技术要点

为统筹"保护"与"发展"，本规划进行了生态功能区的划分。充分利用"三线一单"的相关成果，明确"保护"功能区域。基于生态产品价值空间分布情况，结合各地域单元优势生态产品类型与生态系统服务主导功能，明确"发展"重点区域。根据河道沿线 2 千米范围内的生态功能类型及其空间分布特征，结合丽水市生态保护红线的各项生态系统功能重要区和生态系统敏感区的划分成果（生态安全格局见图 5-13），本规划协调区生态功能区分为四大类：系统保育区、生态修复区、价值利用区、环境控制区。具体生态功能分区如图 5-14 所示。

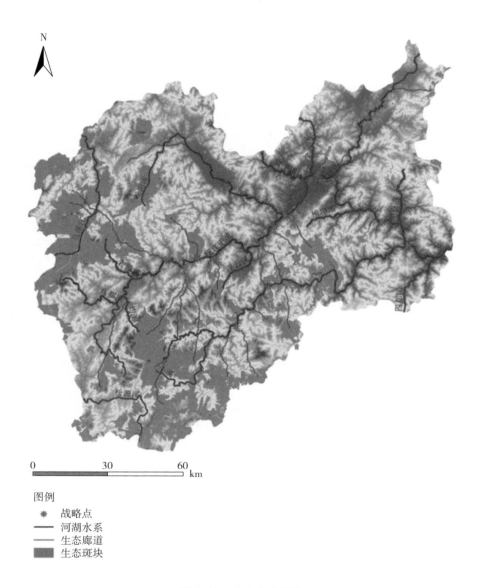

图例

✳   战略点
—— 河湖水系
—— 生态廊道
▨   生态斑块

图 5-13   生态安全格局

资料来源：中国电建集团华东勘测设计研究院有限公司。

（1）系统保育区

以提供未经过人类直接干扰或者经过人类少量干扰的原生生态系统，为其他生态系统产品及服务提供重要基础。需要尽量避免人类干扰，在特殊情

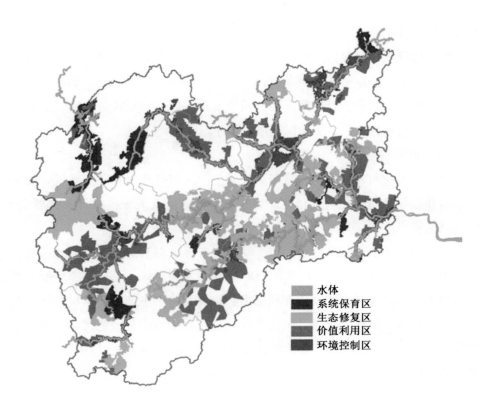

图5-14　生态功能分区

资料来源：中国电建集团华东勘测设计研究院有限公司。

况下可进行科研活动。在开发强度上，该区域为禁止准入区。

系统保育区主要包括生物多样性维持、养分循环保障热点地区；生态保护红线中禁止开发区、水功能区水环境功能分区中的保护区；单项分区包括饮用水水源保护区、湿地保护红线（保育）区、水产种质资源核心区、风景名胜核心区、森林公园生态保育区、国家自然保护区核心区、国家级公益林一级区。

（2）生态修复区

以提供次生自然环境或人文生态系统的方式，参与重要的生态系统过程或记录人类历史发展，例如水土保持区和历史遗迹，需要修复性的人类干扰恢复其风貌和功能。在开发强度上，该区域为限制准入区。

生态修复区主要包括土壤保持、气体调节、气候调节、净化环境、水文调节等生态服务热点地区，生态保护红线其他保护区、水功能区水环境功能分区中的保留区，单项分区如湿地公园恢复重建区、病虫害防治区、永久基本农田、古村落修复区、文物保护修复区等。

（3）价值利用区

以提供物质和非物质性产品和服务为主的人与自然交互热点地区，是生态产品和服务价值转化重点地区。可进行生态产业化开发。在开发强度上，该区域为重点准入区。

价值利用区主要包括食物生产、原料生产等生态系统服务热点地区和基本农田区域，水功能区水环境功能分区中的开发利用区，森林公园一般游憩区、湿地公园宣教展示区及合理利用区、粮食及蔬菜主产区、木材产区、茶叶及水果产区、渔业水产区、现代农业综合区、主导产业示范区、特色农业精品园、水电产能区生态产业集聚区、省级开发区（园区）、休闲旅游景区、现代农业园区、服务业示范基地、休闲农业旅游区等。

（4）环境控制区

人口聚集区，是影响生态系统及其服务的重要驱动区域，同时也是产生负服务以及生态系统服务需求的热点区域。例如，城镇及周边的产业聚集区以及人流大量聚集的区域，主要进行生态环境监管和产业生态化建设来对环境污染进行防治。在开发强度上，该区域为优化准入区。

环境控制区主要包括城镇、工业园区等建筑用地热点地区，水功能区中的排污控制区，生态功能分区中的人居保障区，单项分区如森林公园协调控制区、湿地公园管理服务区、生活污染防治区、生产生活污染处理区等。

7. 规划效果

瓯江河川公园规划已经列入《丽水市国民经济和社会发展第十四个五年规划和二〇三五远景目标纲要》。作为指导丽水市发展的重要文件，瓯江河川公园规划已经通过专家评审，获得了专家的高度认可。本规划立足生态环境保护，科学利用河川资源，率先创新性地在浙江省乃至全国编制瓯江河川公园规划。

（三）长春市万里绿水长廊建设总体规划

1. 项目概况

2015～2020 年，习近平总书记三次视察吉林，曾多次在讲话中作出"牢固树立绿水青山就是金山银山的理念、实施好重大生态工程"的重要指示，为吉林省扎实做好河湖管护、切实加强生态文明建设指明了前进方向，同时也为吉林省治河治湖提供了根本遵循。

吉林省河长制办公室在开展美丽河湖建设的基础上，编制《吉林万里绿水长廊建设总体规划（2021～2035）》，努力实现河清水碧、苇荡摇曳，岸清山绿、飞鸟翔集，亭台错落、移步换景的美好景象，使每一条河湖都成为安全保障的"生命线"、美丽吉林的"景观带"、绿色宜居的"生态轴"、高质量发展的"动力源"，为全面建设社会主义现代化新吉林提供坚实支撑。

2021 年 5 月 24 日，吉林省委书记景俊海到长春市，就城市规划建设工作进行调研，在调研中着重提出要坚持生态优先、绿色发展，进一步做好"林"文章、做活"水"文章，抓好森林城市、森林小镇、森林公园建设，连通市区内生态水系，让森林包围城市、绿水环绕长春，着力建好海绵城市，打造郁郁葱葱、碧波荡漾的生态景观。景俊海书记还强调长春作为省会城市，要在城市规划建设上走在吉林省前列，充分发挥示范引领作用。

2. 规划主要任务和构思

长春市万里绿水长廊建设总体规划（本节称"本规划"）研究范围为长春市全域，总面积 24735 平方千米。规划范围为长春市全域所有江河湖（库）及河岸边带。本规划基准年为 2021 年，近期水平年为 2025 年，中期水平年为 2030 年，远期水平年为 2035 年。

绿水长廊包括"6+1"项任务（见图 5-15），即保护水资源、强化水安全、改善水环境、修复水生态、守护水岸线、弘扬水文化六项建设任务和培育水经济一项提升任务。

六项建设任务

1. 保护水资源
- 科学配置水资源
- 实施河湖水系连通工程
- 加强蓄引调水项目建设

2. 强化水安全
- 提升防洪工程标准
- 中小河流治理工程
- 解决城市内涝问题
- 强化水旱灾害应对体系建设

3. 改善水环境
- 保障水环境安全
- 提升水环境质量
- 强化水体保护

4. 守护水岸线
- 加强水域岸线管理保护
- 恢复河湖水域岸线功能
- 守住河湖边界底线
- 拓展综合生态空间

5. 修复水生态
- 水土流失保护工程
- 清洁小流域建设
- 全面开展河湖健康评价

6. 弘扬水文化
- 打造风光旖旎的自然文化景观
- 打造宜居宜业的滨水文化景观
- 打造独具特色的传统文化景观

一项提升任务

培育水经济
- 实施"绿水长廊+产业提质"
- 实施"绿水长廊+新型城市化"
- 实施"绿水长廊+乡村振兴"
- 实施"绿水长廊+休闲旅游"

图 5-15　绿水长廊包括 "6+1" 项任务

资料来源：中国电建集团华东勘测设计研究院有限公司。

本规划针对长春市资源、产业禀赋及发展使命，提出长春市"美丽中国重要典范、吉林美丽水岸的重要示范、优化长春空间发展格局的重要动力"的总体定位，"构建融绿色生态场景、空间美学场景、人文生活场景、滨水经济场景为一体的人与自然和谐共生的复合型廊道"的目标。

本规划在总体定位和目标的基础上，一是通过创新的河流重要性分类分级方法，基于 GIS 平台对全市河流的重要性进行了评估，在此基础上筛选出本规划的重点规划河流；二是基于该评价结果，从巩固河湖安澜韧性水网、构建江河碧水清流蓝网、营造河川生态廊道绿网、编织河湖文化休闲游网、发展绿色水源经济福网，进行系统规划；三是针对长春五大水系片区的特色特点，进行分区规划；四是提出项目工程包、投资估算和建设时序的建议。

3. 规划目标

本规划分近、中、远三期制定规划目标，并形成相应的指标体系。

近期目标（2021~2025 年）：重点先行、核心呈网。

至 2025 年底，长春市建成 1042 千米绿水长廊，以伊通河、饮马河主干流绿水长廊建设为重点，结合伊通河片区和饮马河片区重要支流水系，及中心城区重要支流水系组团，构建伊通河、饮马河特色绿廊和中心城区绿水长廊网络示范。

中期目标（2026~2030 年）：持续推进、骨架成形。

至 2030 年底，长春市建成 2100 千米碧道，依托伊通河、饮马河的先行示范经验，重点推进松花江、拉林河和东辽河主干流绿水长廊建设，结合五大片区重要支流水系廊道的构建和重要湖库周边廊道空间提升，推动绿水长廊沿线滨水地带协同提升，打造人民美好生活好去处的幸福河。

远期目标（2031~2035 年）：根本好转、人水和谐（见表 5-1）。

至 2035 年，长春市绿水长廊成网，全市建成约 3144 千米绿水长廊，河湖保护、绿色发展理念深入人心，生态环境得到根本好转，实现人水和谐的生态文明建设成果。

4. 总体布局

本规划提出"一核·两轴·三带·五片·百廊"的空间结构。

表 5-1 本规划远期目标：2031~2035 年

类别	指标		时间			指标属性	指标释义
			2025 年	2030 年	2035 年		
保护水资源	1	生态流量保障程度（%）	80	85	90	指导性	绿水长廊所在河段主要控制断面日均流量满足生态基流要求的天数占全年总天数的比例
强化水安全	2	城市型、乡村型绿水长廊防洪达标率（%）	100	100	100	约束性	绿水长廊所在河段达到防洪标准的长度占总长度的比例
改善水环境	3	水功能区水质达标率（%）	100	100	100	约束性	绿水长廊所在河段水质应满足所在水功能区水质目标要求
	4	县级以上集中式饮用水水源地安全保障达到或优于Ⅲ类比例（%）	100	100	100	约束性	绿水长廊所在水系的县级以上集中式饮用水水源地安全保障达到或优于Ⅲ类比例
守护水岸线	5	河湖、堤防及水库管理范围划定完成率	100	100	100	约束性	
	6	生态岸线比例（%）　城市型	25	30	35	指导性	项目自然岸线和人工生态岸线占绿水建设所在河段总岸线的比例，防洪硬性要求进行护岸硬化的河段除外
		乡村型	60	70	75		
		原真型	100	100	100		
修复水生态	7	水土流失整治面积（平方千米）	5555	6348	7142	约束性	河湖口湿地、尾水湿地
	8	年均减少土壤流失量（万吨）	465	755	930	约束性	
	9	湿地建设面积(平方千米)	400	600	800	指导性	
	10	河湖主要自然生境保留率（%）	100	100	100	约束性	
	11	河湖生态缓冲带修复长度（千米）	650	800	1000	约束性	

续表

类别		指标	时间			指标属性	指标释义
			2025 年	2030 年	2035 年		
弘扬水文化	12	绿水长廊建设项目具有文化内涵比例（%）	20	30	50	指导性	具有人文景观、进行文化宣传的绿水长廊建设项目占所有绿水长廊项目的比例
	13	绿水长廊独立游径的连续贯通率（%）	70	80	85	指导性	具有单独慢行游径、不与机动车道或非机动车道并行的绿水长廊慢行系统长度占全部绿水长廊慢行系统总长度的比例
	14	绿水长廊建设项目与周边的特色资源连通度（%）	80	85	95	指导性	项目周边 2 千米内连通的资源点占资源点总数量的比例（资源点包括自然保护区、风景名胜区、各类公园、历史文化街区、著名商业街、文体旅游场所、文物保护单位等）
	15	绿水长廊拓展范围内创建省级以上美丽乡村或特色小镇示范项目数量	3	6	10	指导性	绿水长廊拓展范围内，创建省级或国家级美丽乡村示范村或特色小镇示范项目的数量，以公开文件为准
做强水经济	16	绿水长廊项目周边经济发展规划方案编制完成率（%）	60	75	85	指导性	与绿水长廊项目相衔接，周边各类经济发展规划方案编制完成率

资料来源：中国电建集团华东勘测设计研究院有限公司。

"一核"：为中心城区及周边地区，保证龙头汽车产业实现产业提升。

"两轴"：为"两条水城融合活力的轴"，分别为沿伊通河以及饮马河组成的发展轴。在保证河流安全的基础上，增加节点、拓宽河流旁辐射范围。

"三带"：为"三条穿城连山的脉"，分别为拉林河水美怡人田园带、第二松花江锦绣历史印记带及东辽河天蓝水碧风貌带。

"五片"：为"五大发展片区"，分别为西部台地农林生态片区、中部现代都市发展片区、中部水源涵养生态片区、东北部传统农业生态片区及东北部平原农业生态片区。

"百廊"：为"多段通山达河的廊"，依托小辽河、新凯河、双阳河、雾开河、沐石河及卡岔河等多条河道，打造通山达河的生态和休闲廊道；在保证河流安全的基础上，改变原有河流"有河景、人难亲，有通道、物难移"的状态，促进水城融合、增加水体生态活力、保证生态廊道宽度。

5. 规划创新与特色

（1）创新城市河流分类体系

《长春市国土空间总体规划（2020～2035）》将未来长春市国土空间分为五类，分别是生态保护区、生态控制区、农田保护区、乡村发展区、城镇发展区。对照河流分类类别，将流经生态保护区和生态控制区的河流定为原真型；流经农田保护区和乡村发展区的河流定为乡村型；流经城镇发展区的河流定为城市型。经统计，长春市国土空间规划的土地利用类型以农田保护区和乡村发展区为主，共约 15943.20 平方千米；其次为生态保护区和生态控制区，共约 5344.45 平方千米；再次为城镇发展区，共约 3447.71 平方千米。对河流进行叠加分析，根据河道流经的土地利用类型，得到长春市河流的初步分类，其中城市型河道约 822.17 千米，乡村型河道约 3447.39 千米，原真型河道约 1531.36 千米（见图 5-16）。

考虑到长春市老城区范围较小，大部分规划建设用地为新城或者还未开发建设，后续绿水长廊项目的落地与建设也与规划建设的计划等息息相关。因此，进一步结合城区的类型，将城镇发展区分为老城有机更新区、已建（或在建）新城区以及规划建设区，对应的河道类型细化区分为有机更新型、新城提质型和规划预留型。其中，有机更新型河道约 141.81 千米，新城提质型河道约 90.09 千米，规划预留型河道约 590.23 千米①。

（2）构建绿水长廊分级体系

构建河流综合评价体系，在传统的安全、生态因子的基础上，增加文化因子、经济因子，进行河流综合评价，不但考虑保护因子，也纳入开发建设因子。最终得到河流建设重要性综合评价结果，识别出主要规划水系。

---

① 资料来源：中国电建集团华东勘测设计研究院有限公司。

图 5-16　长春市河道分类

资料来源：中国电建集团华东勘测设计研究院有限公司。

　　第一类为安全指标，是绿水长廊建设的基础。深圳碧道建设规划采用了断面形式、防洪达标、岸墙隐患、护岸材料四个指标。但是，长春万里绿水长廊建设把安全作为首要任务，材料等指标都可以在建设过程中进行提升，不构成对绿水长廊建设的制约性因素。因此，本规划选取了长春市国土空间规划中列出的地质灾害发生风险和防洪达标情况作为安全指标。

　　第二类为生态指标，生态指标不光包含水生态（"蓝绿城市"中的"蓝"），同时也包括陆域生态（"蓝绿城市"中的"绿"）。因此，选取水系的水文级别低作为水生态重要程度的指标，公园绿地及自然保护区等重要生态要素分布密度作为衡量陆域生态系统重要程度的指标。

　　第三类为文化指标，长春市文物古迹密布，弘扬水文化也是长春市万里绿水长廊建设的重要目的，因此，将文化节点分布密度高低作为衡量绿水长廊建设需求高低的指标。

　　第四类为经济指标，经济是万里绿水长廊建设的基础，也反映了万里绿水长廊的需求。广东省万里碧道将人口活力热力图作为经济指标，而深圳市宝安碧道建设总体规划将重点产业园分布作为经济指标。长春市与深圳市的最大区别是：第一，农业产业发达，特色农业产业是长春市的重要支柱产业，而这一因素无法单独用人口或产业园分布来衡量。第二，长春市建成度不高，大量新区还处于在建或规划建设阶段。因此，需要考虑规划建设区域分布来反映未来的人口分布情况，作为未来的建设需求指标。综合以上分析，本规划选取人口分布密度、特色经济产业分布密度（包含经济开发区、产业园和重要农业特色产业）和规划建设区域分布密度作为长春市万里绿水长廊建设评估的经济指标。

选定指标类型后，需要确定各指标权重。评估指标的权重设置普遍缺乏依据，已有相关项目普遍采取各类型相同权重的定义方法。本规划选取的四类指标中，安全指标和生态指标总体上属于基础性指标，决定了万里绿水长廊建设基础的好坏；而文化指标和经济指标总体上属于需求性指标，决定了万里绿水长廊建设需求的高低。基础性指标和需求性指标在绿水长廊建设评估中应占有同等重要程度，因此，安全与生态指标共占 0.5，而文化与经济指标共占 0.5。根据与绿水长廊建设相关程度，对不同指标赋予权重，最终指标及权重分配如表 5-2 所示。再根据权重和河道分项打分结果（见图 5-17），最终经过单因子计算和多因子叠加，形成长春市万里绿水长廊建设综合评估结果。

表 5-2 长春市万里绿水长廊建设评估指标

类型	指标	权重
安全	地质灾害发生风险	0.1
	河流防洪达标情况	0.1
生态	水系级别	0.2
	公园绿地分布密度	0.1
文化	文化节点分布密度	0.2
经济	人口分布密度	0.1
	特色经济产业分布密度	0.1
	规划建设区域分布	0.1

资料来源：中国电建集团华东勘测设计研究院有限公司。

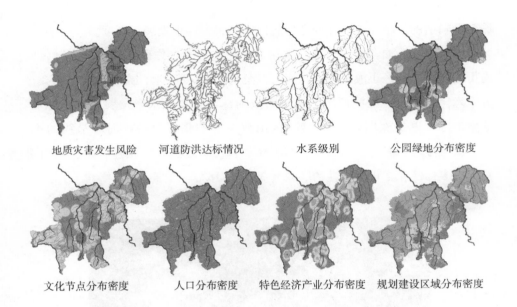

地质灾害发生风险　　河道防洪达标情况　　　　水系级别　　　　公园绿地分布密度

文化节点分布密度　　　人口分布密度　　特色经济产业分布密度　规划建设区域分布密度

图 5-17　河道分项打分结果

资料来源：中国电建集团华东勘测设计研究院有限公司。

6. 实施效果

本规划定位准确、研究深入，获得了专家的高度认可，尤其是创新的城市河流分级分类体系，为规划的落地实施提供了坚实的基础。

二、多彩活力水城

（一）深圳市深汕特别合作区赤石河一河两岸规划

1. 规划背景

深汕合作区（"10+1"区）地处粤港澳大湾区城市群东部沿海，面积468.3平方千米。规划至2035年，建设用地达到135平方千米，人口规模达到150万人，公共配套设施按300万人标准配置。作为粤港澳大湾区向粤东城市群辐射的战略支点，深汕合作区以国际视野谋求发展新高度。

赤石河是深汕合作区的第一大河，发源于深汕合作区北部莲花山脉，向南贯通区全境，经小漠镇注入红海湾，全长约36.8千米，流域总面积382平方千米。赤石河"一河两岸"区域将成为深汕合作区未来发展的中心地带、战略走廊，更是深圳第"10+1"区山海本底的精彩呈现。河流沿线的山、林、田、湿地、海等生态要素，与城镇、村庄、古迹紧密相连，是深圳市最具生态多样性和文化多样性的区域（见图5-18）。

图 5-18 赤石河鸟瞰图

资料来源：中国电建集团华东勘测设计研究院有限公司。

基于以上背景，深圳市深汕特别合作区管理委员会联合深圳市规划和自然资源局组织开展赤石河一河两岸规划设计国际咨询工作，希望以国际视野和创新理念积极谋划赤石河沿岸的发展蓝图，在保证水安全、水生态、水环境的基础上，营造滨水生活，提升滨水景观。

2. 规划构思

"润泽之城"方案紧扣题意，从"温""润""泽""美"四个规划策略出发，将城市轻轻地嵌入山水框架中，由自然滋养城市，令城市善待自然。

（1）温：以柔克刚，柔韧之城

源头海绵：遵循赤石河完整河流体系，通过韧性策略为深汕合作区全域提供水安全保障。山体渗透策略通过新增加的三座水库强化了山体的调蓄洪能力，通过山体支流减少径流、保持水土；山脚截洪和山脚汇水策略利用山体边缘形成截洪沟和汇水区，收集山体径流汇水，增加排洪能力，降低洪涝风险。基于水动力分析结果，在东侧山脚廊道增加一条入海截洪沟，缓解城市洪涝压力。

蓝绿城市：在城市中通过应用三级净水措施，构建蓝绿体系（见图5-19），最终实现汇入赤石河支流水质的清洁，同时实现居民生活环境品质的提升。

河流防洪：将现有河堤后退，为河流让出更多的空间，提高泄洪能力；将现有鱼塘改造为有蓄洪能力的湿地泡，保留现有的5年一遇防洪堤与新增的200年一遇防洪堤之间的韧性洪泛区。根据现有地势增加分洪水道，代替河堤缓解赤石老镇洪水风险。

（2）润：润物无声，融合共栖

本规划重新定义人类与自然的边界空间，依山河海田产生三类城乡聚落，处理滨水边界，布置滨水功能。

三类聚落渗透方式（见图5-20）包括：①上游：栖山聚落，城市带状渗透乡村原野。②中游：滨河聚落，"绿手指"渗透城市。③下游：靠海聚落，城市、小镇与滨海风情交融展现。

图 5-19　蓝绿体系

资料来源：中国电建集团华东勘测设计研究院有限公司。

上游：栖山聚落
城市带状渗透乡村原野

中游：滨河聚落
"绿手指"渗透城市

下游：靠海聚落
城市、小镇与滨海风情交融展现

图 5-20　三类聚落渗透方式

资料来源：中国电建集团华东勘测设计研究院有限公司。

（3）泽：泽益群生，自然律动

河流综合生态修复措施：赤石河现有生态条件基础较好，但相较于自然健康的河流，其生态结构仍显单一。综合考虑赤石河生态系统条件，将赤石河修复目标制定为增强水陆交汇区面积、增加场地内栖息地、提高生物多样性、增加游憩美化功能。

感潮河段生态措施：潮汐的自然条件在赤石河整个河段都不尽相同。为了充分发挥潮汐带来的优势，本规划遵循的基本原则是扩大水陆交汇带面积，令水和陆地之间的接触区域尽可能增加（见图5-21）。扩大水陆交汇带面积，同时对易受到侵蚀的河流外弯进行防护。借助自然之力，塑造变化的风景、万物的家园。

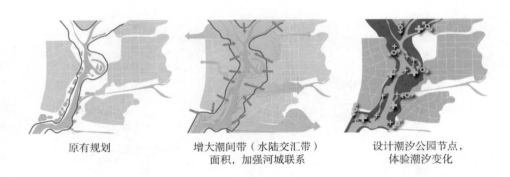

原有规划　　　　　　　增大潮间带（水陆交汇带）　　　设计潮汐公园节点，
　　　　　　　　　　　面积，加强河城联系　　　　　体验潮汐变化

图 5-21　赤石河河岸设计

资料来源：中国电建集团华东勘测设计研究院有限公司。

（4）美：汕美风景，沉浸体验

本规划在1个蓝绿框架下，营造5段景观风貌，塑造9个魅力点，打造20个水岸目的地，策划5条主题路径（见图5-22）。沿赤石河布置城市生活、文化体验、生态休闲、运动康体四类目的地，涵盖登山、玩水、品城等多方面体验。赤石河全线贯通55千米滨水慢行道，与城市慢行系统相接，与公交站点接驳。

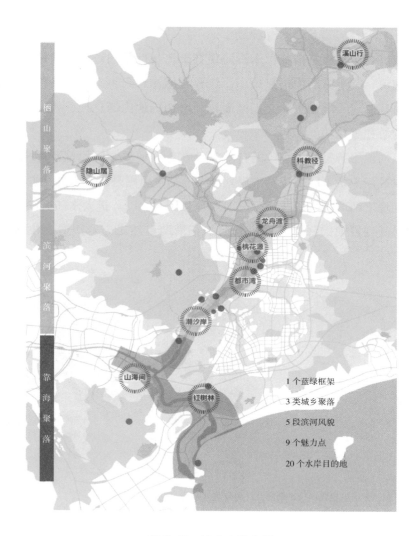

图 5-22 汕美空间布局

资料来源：中国电建集团华东勘测设计研究院有限公司。

　　田园自然段：以 20 千米的原野碧道串联山水城乡景观，展开原野画卷。结合赤石河上游的科教、康养地块，分别打造科教公园、科普径、健康休闲径等。对现有山林、田园、山塘肌理充分保留应用，创造性地打造山体边界公园及农业公园，即与林、田、塘、村结合的特色体验园，提供悬浮树屋、艺术花田、拓展基地、亲子农场等一系列假日休闲放松的去处。

城市滨河段：以赤石河为中轴，以"绿手指"浸润城市，选择两岸极具代表性的节点空间，如龙舟博物馆、龙舟岛、凤湾湿地、欢乐凤湾、运动公园、农业公园、凤河创感园等，打造连续的慢行空间体系，渗透智慧城市元素，形成一条"smart loop"。赤石河沿岸景观见图5-23。

图 5-23　赤石河沿岸景观

资料来源：中国电建集团华东勘测设计研究院有限公司。

城市溪谷段：服务于市民的文体服务功能环，串联三大科研地块。保留现状的湿地肌理、溪谷风貌及感潮特征，传承当地文化——"凤河义渡"、渔歌文化、蚝排养殖，衔接西侧龙山及东侧城市中轴，打造富有特征性的城市溪谷。设置音乐厅、露天表演广场、户外艺术走廊、湿地公园、花海卡丁车、运动中心、龙山景区、凤河义渡等景点及城市公共功能，提供丰富的公共活动空间。

山水田园段：两河汇聚、三山相对，近南门河交汇处形成独特的峡湾空间，其现存大面积的养殖水塘为场地赋予了水上田园的特征。本规划保留峡湾肌理，恢复、营造、净化湿地，增加多种鸟类食源植物，营造峡湾的观鸟天堂。通山达海的缆车自龙山连至狮山，游客可登顶纵览观海无限视野。慢行道串联湿地公园、两侧水岸及南门河以北的山脚公园，与狮山登山道相连，向西通往鹅埠区域。

3. 主要内容

（1）目标愿景

"润泽之城"旨在市先锋试验区、湾区理想映射、举世瞩目的理想人居之城。

山—水—乡—城的融合渗透（见图5-24），自然滋养城市，城市善待自然，"润泽之城"体现着中国人与自然温和相处的智慧。

图 5-24　山—水—乡—城交织

资料来源：中国电建集团华东勘测设计研究院有限公司。

（2）整体框架

城市安全：上下游综合安全策略确保城市安全。

生态系统：设计预控山—河—海生态走廊，针对生境特点划定生态分区。

景观风貌：打造五大景观风貌段，铺设慢行路径，打造9大魅力点、20个水岸目的地。

城河关系："绿手指"渗透，促进滨河区域与城市、山海充分联系，实现城河融合共生。

河岸功能：结合本土文化及城市组团，打造丰富多彩的河岸功能空间。

视线连通：布置视线廊道、观景节点，实现山海相望、尽"汕"尽美的城市山水图景。

可达性研究：铺设山海漫游全域慢行路径，通过公交接驳—慢行系统—水上游线—山水缆车，充分连接山河城海。

文化旅游：尊重本地历史文化，挖掘自然风景优势，打造"游乡、听河、品城、登山、尝海"五大主题游线，串联九大魅力点。

（3）设计结构

赤石河河岸设计：

1个蓝绿框架：构建将城市嵌入山水框架中的生态城市格局。保护山体生态空间，划定山脚廊道，界定河流洪泛区及蓄滞空间，保留村庄及农田，增强水岸可达性及吸引力。

3类城乡聚落：栖山聚落、滨河聚落、靠海聚落。

5段滨河风貌：田园自然、城市滨河、城市溪谷、山水田园、滨海生态。

9个魅力点：溪山行、科教径、隐山居、龙舟渡、桃花源、都市湾、潮汐岸、山海间、红树林。

20个水岸目的地：沿赤石河布置城市生活、文化体验、生态休闲、运动康体四类目的地，涵盖登山、玩水、品城等多方面体验。

（4）设计内容

1）重点区域1：明热河与赤石河交汇节点。

总体结构：一环三带六轴七组团。

一环：一条联系所有标志节点的智慧环廊。

三带：三块综合城市服务功能与生态效益的复合斑块。

六轴：六条"绿手指"由赤石河伸入城市内部，形成穿越城市的生态走廊。

七组团：赤石古村、农业产研、河湾社区、山磐社区、软件园、科学院能源、河谷站商务服务。

设计策略：

高铁TOD及周边交通系统梳理：为减少交通系统对赤石河沿岸环境的干扰，跨河城市快速路采取高架方式处理，跨河城市干道采取隧道下穿处理。

在保证路网密度和交通运输效率的同时，力求将对生态的影响降到最低。

赤石河生态保育开发：根据赤石河沿岸200年一遇洪水水位线范围设置生态保育区，尽量避免洪水对周边地块造成不良影响。沿支流伸出的"绿手指"将绿带更多地引向陆地，丰富城市景观风貌，也自然划分了城市组团，使城市结构变得更加生态化。

景观廊道串联城市组团：景观廊道分成两个级别，主廊道将赤石村、龙舟岛、高铁站、湿地、创意园等重点地块连成一个整体，强化了重点区域1慢行系统的可达性；次廊道分布于各个组团，补充慢行系统功能，自成一景。

重点地块打造山水舞台：各组团内精心打造的亮点项目分布于滨河一带，享有良好的滨水景观和历史文化资源。结合区位和文化特色，这些重点项目将被打造为文化古村、会展中心、特色商业、2.5产业研发等不同功能定位的地标，为重点区域1带来独特的城市风貌和人流引力点。

2）重点区域2：大湾溪、吉水门溪与赤石河交汇节点。

设计策略：

滨水交通系统梳理：减少交通对赤石河环境的干扰，在保证路网密度和交通运输效率的同时，力求将对生态的影响降到最低。

赤石河生态保育开发：根据赤石河沿岸200年一遇洪水水位线范围设置生态保育区，尽量避免洪水对周边地块造成不良影响。

缆车串联城市组团：强化重点区域2慢行系统的可达性，将各组团和重点地块连成一个整体。

重点地块打造亮点项目：各组团内精心打造的亮点项目为重点区域2带来独特的城市风貌和人流引力点。

4. 创新及特色

（1）独特性1：自然

研究对象是赤石河，从源头到大海36.8千米的干流以_地森林生境、河流淡水生境到咸淡水生境，深汕合作区的生态价值不可复制。

打造五大生境：山区生境、淡水生境、微咸水生境、滨岸湿地、河口生境（见图5-25）。

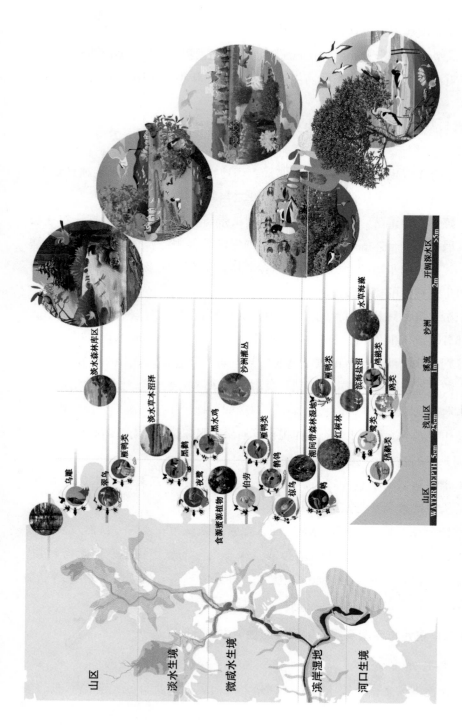

图5-25　五大生境

资料来源：中国电建集团华东勘测设计研究院有限公司。

河流防洪典型性设计：

分洪水道：根据现有地势增加分洪水道，代替河堤缓解赤石老镇洪水风险。

双重河堤：保留 5 年一遇防洪堤，与新增 200 年一遇防洪堤之间为韧性洪泛区。

蓄洪湿地：现有鱼塘改造为有蓄洪能力的湿地。

（2）独特性 2：乡村

深汕合作区现有的乡村都沿河布局，当地特色浓郁的文化景观独具魅力。本规划延续了原住民居住社区的生命，使之与新城共生。

上游：栖山聚落。乡野融合，山脚滞洪带与农田、村庄连接打造农业公园，发展田园综合体等生态产业、村落则提供游客服务及休闲配套功能。碧道入乡，串联山水田园，引入外来游客。规划生态社区及生态校园，打造具有田园生态特色的栖山聚落。

中游：滨河聚落。"绿手指"廊道沟通山城河村，将滨河风貌带入城市。保留部分洪泛区的农田，打造成农业公园。以"smart loop"及城市艺文环线，分别串联深汕合作区的城市重要公共空间，营造极具魅力的城市滨河带。

下游：靠海聚落。城市、小镇与滨海湿地风情交融展现。赤石河沿岸原有养殖水塘恢复为湿地，碧道联通其中，与潮间湿地、小漠湾湿地公园组成的自然景观相接。小镇及城市生态组团提供滨河旅游服务及特色游览体验功能。

（3）独特性 3：城市化

未来的新城定位非常之高，规划在短的时间从 7 万人口到 150 万人口，大量的资源要素会聚集在这里。

重新定义人类与自然的边界空间，探索未来城市—乡村—自然发展的共生模式，水体元素和绿地空间结合的"绿手指"与城市用地空间紧密相扣，延展山水界面。依山、水、海、田生产三种城乡聚落，处理滨水边界，布置滨水功能，提供可赏、可游、可居、可野的多元化滨河公共体验。

（二）杭州市南湖及周边地区概念性城市设计

1. 项目概况

杭州南湖未来科技城项目位于杭州市区西翼。城西科创大走廊中部，是未来科技城重点打造的三大中心之一，规划范围东至南湖东路，南至 102 省道，西至铜山溪路、智二路，北至南苕溪，规划范围面积约 8.9 平方千米，其中现有水域面积约 4.6 平方千米。

2. 规划主要任务和构思

南湖历史悠久，人文资源丰富，是杭州市区内水域面积仅次于西湖、青山湖、湘湖的第四大生态湖面，基地内芦花飞荡，白鹭成群；杭州南湖也是城西重要的防洪调蓄湖，防洪标准为 200 年一遇。随着阿里达摩院、之江实验室等顶尖科创资源的汇聚，南湖将成为杭州打造国际创新城市的门户和未来城市的示范窗口。

本规划针对杭州南湖资源禀赋及发展使命，提出"国际创智谷·东方风韵湖"的总体定位，目标是打造"最生态·最东方·最前沿"的山水生态湖、东方诗画湖、开放创新湖。

本规划在技术手段上采用了前沿的大数据手段，分析周边人群、设施分布特征，明确功能需求，也充分融入生态学原理，保障南湖生态安全。同时，在整体空间营造与重点建筑设计中充分融入山水城市理念与当地历史文化内涵，塑造南湖的东方风韵。杭州南湖规划效果如图 5-26 所示。

图 5-26　杭州南湖规划效果

资料来源：中国电建集团华东勘测设计研究院有限公司。

3. 规划结构与布局

采用去中心化的布局理念，整体构建"一环多廊、组团共融"的规划结构。

打造 1 个南湖活力共享环，通过多样环湖交通，串联环湖功能。11 千米环湖慢行环如图 5-27 所示。

结合蓝绿空间预留 12 条生态廊道，保护南湖山水生态格局。

构建 6 大组团簇群发展，采用"渗透、链接、融合、共享、连通、激活"6 项策略，促进城湖相融，打造多彩南湖。

4. 规划创新与特色

（1）优先保障防洪零风险

针对杭州南湖防洪调蓄湖的特殊属性，规划布局采用"占补平衡"原则，在满足景观营造、城湖融合需求的情况下，实现防洪水域面积"零"占用，保障杭州南湖调蓄容量。同时规划采用"再自然化"手法改造铜山溪泄洪渠，将其打造成面积约 30 万平方米的生态湿地，增加弹性防洪调蓄空间约 100 万立方米，进一步加强城市安全韧性。

（2）严格保护山水好生境

山水生境保护。本规划严格保护规划范围内 75% 以上的蓝绿空间总量，构建区域 12 条山水生态廊道，保障南湖与区域生态系统的连通；规划环湖结合景观，打造两个 100 万工程，吸引更多的鸟类等动物；同时，构建圈层式生态的保护格局，保障区域生境系统。

生态水质保障。针对水质监测情况现状，规划采用生态的手法，通过环湖湿地打造、湖底生境修复等手段，提升南湖水体的自我净水能力，同时打通杭州南湖局部与周边区域的水体连通，既可激活杭州南湖及周边水系的水动力，又能通过南湖向下游配水，改善区域水环境，发挥杭州南湖更大的生态价值。

（3）挖掘再现人文旧场景

恢复杭州南湖旧有格局。根据杭州南湖历史地图及历史故事，规划恢复南湖"一堤一塘、上下双湖"的总体格局，同时结合环湖景观及公共设施的

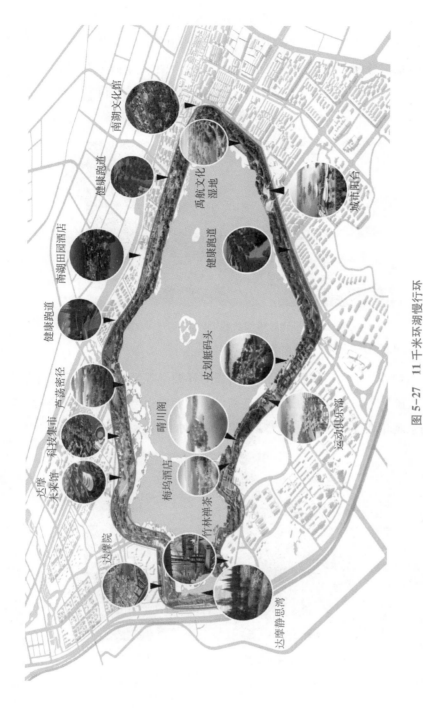

图5-27 11千米环湖慢行环

资料来源：中国电建集团华东勘测设计研究院有限公司。

打造，再现环湖 14 处历史场所，延续杭州南湖历史文脉。

重现南湖历史诗画风景。规划搜集大量杭州南湖地区历史诗词与故事传说，通过特征提炼与景观再现的手法，打造杭州南湖诗画十八景，使南湖"古有十八墩，墩墩有黄金；今有十八景，景景如诗画"。诗画十八景中的"雪落梅坞"如图 5-28 所示。

图 5-28　南湖景观效果图：东方诗画湖——雪落梅坞

资料来源：中国电建集团华东勘测设计研究院有限公司。

南湖以弹性的手法，打造四级不同高程的环湖景观游线系统，穿梭串联各个片区，既满足不同水位下的景观营造需求，也形成立体丰富的观景体验，打造防洪与景观相结合的韧性生态景观。非汛期常水位湖岸景观如图 5-29 所示。

图 5-29　南湖非汛期常水位湖岸景观鸟瞰图

资料来源：中国电建集团华东勘测设计研究院有限公司。

（4）大众共享历史与未来

本规划以公共化开发为导向，环湖布局七星文化园、禹航文化公园、南湖城市阳台（见图5-30）、达摩科技港等一系列公共设施与公共空间，将杭州南湖打造成服务创新面向大众的共享大花园，让市民在此既能感知历史又能触摸未来，真正实现杭州南湖与城市的融合与发展。

图 5-30　南湖城市阳台

资料来源：中国电建集团华东勘测设计研究院有限公司。

5. 实施效果

本规划定位准确、研究深入，获得了业主与专家的高度认可。下一步，规划成果将逐步反馈至《南湖科学中心控制性详细规划》《阿里巴巴南湖小镇方案规划》《西险大塘提标加固工程方案》成果中，助力杭州南湖成为继西湖之后的又一城市湖泊建设新典范。

（三）深圳市沙井河碧道建设规划

1. 项目概况

2018年10月25日，习近平总书记视察广东时明确要求，要深入抓好生态文明建设，统筹山水林田湖草系统治理，深化同香港、澳门生态环保合作，加强同邻近省份开展污染联防联治协作，补上生态欠账。

2018 年，为全面贯彻习近平总书记视察广东时的重要讲话精神，中共广东省委提出：高水平规划建设广东万里碧水清流的碧道，形成绿道和碧道交相呼应的生态廊道。

2019 年 10 月，中共广东省委召开全面推行河长制工作领导小组会议，强调要高质量推进万里碧道建设，打造广东省生态文明建设的亮丽名片，要把万里碧道作为河长制的重要工作抓手，将万里碧道作为粤港澳大湾区、深圳先行示范区建设的一个重要举措来规划布局，高质量规划，分阶段推进建设，确保取得实效。

深圳市率先响应广东省万里碧道建设的决策部署，要求高水平规划建设"深圳碧道"工程，提出"碧一江春水，道两岸风华"的碧道愿景，"水产城共治"的碧道理念，在广东省率先全面完成碧道建设目标，实现水体生态健康与景观秀美，展现碧水蓝天的深圳新名片。

沙井河碧道工程建设范围，东起岗头河调蓄池，西至茅洲河，总长 6.12 千米。碧道建设核心区范围 0.73 平方千米，拓展区范围 5.34 平方千米，协调区范围 11.97 平方千米。

2. 设计主要任务和构思

沙井河碧道位于深圳宝安区的沙井片区。该片区历史文化悠久，拥有千年古墟，素有"蚝乡"美誉；但随着工业化发展，"城市边缘""环境污染"渐渐成为沙井片区的刻板标签：沙井河沿岸散落分布城中村、旧工业区等低效用地；街区景观千篇一律，城市公共资源与生活配套相对不足；沙井河地处深圳市西北门户，河滩宽阔且自然弯曲，本应有水城特色的沙井河沿岸，景观形象却不容乐观。

如今，沙井片区成为广深科技创新走廊重要组成部分，随着港深产业高端要素的转移，这里的基础设施不断完善，地铁 11 号线连通片区，30 分钟内机场可达，河城面貌焕然一新[①]。

---

① 资料来源：中国电建集团华东勘测设计研究院有限公司。

本项目设计以水安全为前提、以水为纽带、以河流岸线为载体,统筹安全、生态、休闲、文化和产业五大体系,建立了复合型滨水生态廊道;以"水产城共治"为核心理念,通过系统思维共建共治共享,优化生产、生活、生态空间格局,形成"安全的行洪通道、健康的生态廊道、秀美的休闲漫道、独特的文化驿道、绿色的产业链道"。

本项目坚持以人为本、生态可持续、文化传承、系统完善、趣味水岸的建设原则,加快深圳先行示范区碧道建设,实现"碧水庭间产业田",促进沙井工业区升级的游园水岸,打造水产城共治的新模式典范碧道,将碧道建设成人民群众美好生活的好去处(见图5-31、图5-32、图5-33)。

图5-31 沙井河碧道建设效果图(一)

资料来源:中国电建集团华东勘测设计研究院有限公司。

本项目探索沙井片区的文化发展,沙井片区见证了桑基鱼塘向工业发展的历程。经过时代的变迁,沙井的桑基鱼塘虽已变成了工业园区,但"井"的肌理依然存在。井田基础之上,融合沙井河弯曲的岸线与河边潜力地块,集中发展出一条新工业游园带。期望的沙井河周边未来不是一个与河流保持距离的升级工业园,而是生于河岸,长于湿地,与水交融的产业游园带。

图 5-32　沙井河碧道建设效果图（二）

资料来源：中国电建集团华东勘测设计研究院有限公司。

图 5-33　沙井河碧道建设效果图（三）

资料来源：中国电建集团华东勘测设计研究院有限公司。

3. 设计目标

本项目响应深圳市碧道建设，以碧水为魂，统筹山水林田湖草等各种生态要素，打造"畅通的行洪通道、安全的亲水河道、健康的生态廊道、秀美的休闲绿道、独特的文化驿道"五道合一的高标准碧道，促进人居环境提升、空间复合利用、产业转型升级及城市功能优化，实现"碧一江春水，道两岸风华"。

沙井河碧道建设总体目标为"碧水庭间产业田"，包括复合新工业办公业态、岭南本土滨水空间、工业水文化河廊、特色水地标城市带。

4. 设计结构与布局

本项目发掘沙井河片区城中村与工业园活力点，改善沙井片区原有肌理，以河涌绿廊为横向核心带，延伸河涌绿廊，链接全域活力点，形成"一带·四轴·多点"的活力框架（见图5-34）。

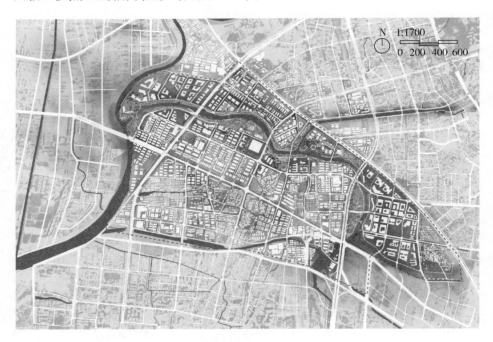

图 5-34　项目总平面图

资料来源：中国电建集团华东勘测设计研究院有限公司。

"一带"为沙井河景观活力纽带，沿着沙井河融合潜力地块与景观河岸的游园带布局，集合新工业区滨水办公、城市地标、体育休闲、游玩休憩等功能的一河两岸新工业水岸风貌。

"四轴"即梳理出的城市活力公共走廊轴线，包括本土文化活力轴、山城河活力轴、商业游玩活力轴、新和活力大道。

"多点"是串在沙井片区公共空间活力框架上的一系列不同功能、特征的活力公共空间节点，包括油罐大冒险、田园游水、后亭生态岛、河口大闸四大碧水门庭节点。

5. 设计创新与特色

（1）三大策略

本项目以"井田制"为线索，提出三大策略：疏通阡陌，回归新井田；起承沙洲，多维水景；沙井点睛，碧水门庭。最后达到"碧水门庭井市，回归井田水城"的水城融合愿景。

"疏通阡陌，回归新井田"：提炼井田制中百步街区、街道为骨、公私搭配的核心策略，转译为现代规划设计语言，分三部分完成桑基鱼塘—马路工厂—新型复合产业花园演替。首先发掘街区活力点，改善原有肌理，连接河涌绿廊，形成活力框架；其次局部增加慢行桥、密小路网和特色公交，形成接驳网络，浸润本土文化，阡陌得以相通；最后分期升级工业街区植入复合功能填充井格，让工业厂房走向多元化，回归新井田。建设慢行体系，贯通两岸慢行步道。

"起承沙洲，多维水景"：基于现有河涌暗渠织补片区海绵网络，建立生态水城基底，融合沙井河弯曲的岸线与潜力地块，集中发展出一条新工业游园带。可视化的水文数据演绎沙井河水流的四季轮回，成为沙井人每天一见的"水物钟"。打造水城融合的城市格局，建立智慧管理系统、智慧道路、智慧水务信息，利用大数据更好地服务深圳市民。

"沙井点睛，碧水门庭"：在京港澳高架与穗莞深城际轨道的近空视野所及处，打造四个碧水门庭节点欢迎来客，也为沙井河带来吸睛的打卡话题。包括后亭生态岛·机场半日游话题、油罐大冒险·无忌童言话题、田园游水·办公新生活话题、沙井大闸·大闸春游话题。

（2）四大公共空间节点

城市尺度回归新井田，活力廊道串联亲水空间，工业厂房走向多元开放，社区尺度融和沙井河弯曲的岸线与潜力地块，发展水城带节点尺度打造特色节点，彰显门户地标。

后亭生态岛（远期规划）：在后亭地铁站区域，本项目将还原整个岛的绿地表面，重塑地景构筑，打造一站式品牌旗舰店购物公园，成为年轻人的时尚目的地。沿岸改造亲水退台驳岸与林下退台，后亭地铁站的游客可以直达水岸的水 T 台行林间浮桥直至水岸，享受远离烦嚣的半日清闲。

油罐大冒险（近期建设）：位于松岗河与沙井河交汇处，利用废弃大型油罐，结合跨河人行景观桥，打造地标性景观节点。从场地"两河三岸"的整体风貌结构出发，通过景观桥的形式，串联油罐及三个岸线空间，形成景观轴线。"引河入湾"将沙井河水引入产业基地，提升场地价值和景观风貌，塑造洪泛湿地改善未整治堤防点，丰富场地生物多样性，升级湿地与树林空间，优化沙井河沿岸新产业园的滨水特性。依据人群活动特点，置入景观及公共服务设施，丰富活动场所，激发沙井片区活力，完成沙井河岸线的个性活化。其中，松岗河口相接沙井片区的过去与未来。松岗河口第一环桥连接两河三岸，第二环桥连接油罐花园，第三环桥连接升级产业综合办公实验楼，串接至美术馆，引河入湾塑造洪泛湿地改善未整治堤防点，赋予岸上新产园的滨水品质。

田园游水（近期建设）：本项目利用沙井片区原有的农用地属性和宽阔的沙井河南岸漫滩重塑体现沙井风味的岭南田园风光。清理空地，结合化肥厂产业文化重新布局成小广场；场地内保留下来的具有工业美感的主题构筑物，将适当改造、组织成相对新的空间秩序，重现工业景观。升级现有芭田化肥厂，重塑南岸游水稻田等湿地驳岸，复合生态农业景观与工业景观。办公闲余，游河在岭南水塘间游船放空。

沙井大闸（远期规划）：此处为沙井河与茅洲河交汇口，本项目充分利用场地特有的水利文化和自然特质，打造主题科教场所，通过对水文化的不同诠释，打造沙井大闸标志性生态水文形象。梳理阡陌为肌理的路网，展现沙井河独有的场地气质；以沙井河河岸为形态展示曲桥，贯通场地；场地保留河闸水帘及"井"字形水文设施水景，展示场地的水利精神；将沙井河文化以水帘、水景、雕塑等形式注入河闸、沙井河桥，串联场地，展示场地地域文化。

6. 实施效果

本项目充分分析场地现状及周边环境，设计定位准确，研究深入，获得了专家的高度认可；以第一名的成绩成功中标沙井河碧道建设工程设计竞赛，并荣获 2020 大湾区城市设计大奖——概念项目优异奖；2020 IDA 国际设计大奖城市设计大类、概念设计大类铜奖。

三、数字智治水城

（一）钱塘江流域防洪减灾数字化平台

1. 项目概况

钱塘江流域防洪减灾数字化平台（见图 5-35）是在水利部"智慧水利"建设及浙江省政府数字化转型背景下，围绕浙江省防台抗洪排涝重大风险防控领域开展的一项重大集成创新建设，也是浙江省数字化转型重大项目之一，对推动钱塘江流域防御洪潮体系和治理能力现代化进程意义重大。

2. 设计主要任务和构思

中国电建集团华东勘测设计研究院（以下简称"华东院"）充分发挥"工程+IT"的优势，融合物联网、云计算、大数据等新一代信息技术，以"天空地一体化"智能感知体系为基础，构建水上水下、江内江外、地上地下流域数字化模型，搭建"一库、一图、一平台、三终端"总体架构（见图 5-36）。

该平台聚焦流域防洪减灾全过程，研发数字规划、治理进展、规划服务、水雨情监测、洪潮预报、防汛形势研判、预警发布、联合调度、抢险支持、水域监控十大核心应用，实现业务全覆盖、流程全闭环的"一站式"防洪减灾作业（见图 5-37）。

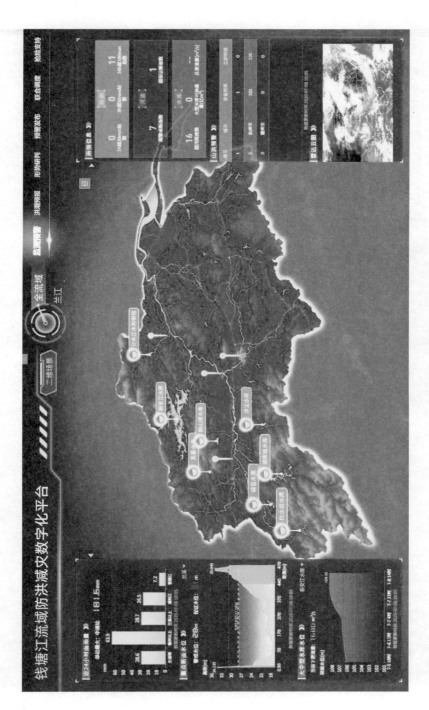

图 5-35　钱塘江流域防洪减灾数字化平台

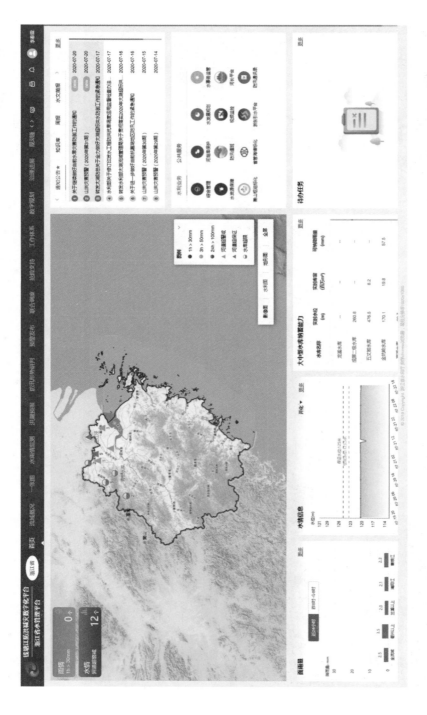

图 5-35 钱塘江流域防洪减灾数字化平台（续图）

资料来源：中国电建集团华东勘测设计研究院有限公司。

图 5-36　数字钱塘江智慧场景（一）

资料来源：中国电建集团华东勘测设计研究院有限公司。

图 5-37　数字钱塘江智慧场景（二）

资料来源：中国电建集团华东勘测设计研究院有限公司。

　　该平台推进流域空间信息模型、河口地区洪台潮差异化预报、流域复杂水库群联合调度模型等重难点的技术攻关，整合大量分散在各部门、各地的行业数据，汇聚了全流域 1400 多个雨量站、2400 多座水库以及全省 5500 多段堤防、9400 多条河流、12700 多个水闸、17000 余件重点抢险物资及 18000 多个山塘等数据，打造"一键查询、一键研判、一键预警、一键调度、一键导航"新体验[①]。"防汛大脑"赋能水利（见图 3-38），实现防洪减灾效率与效果的双提升。

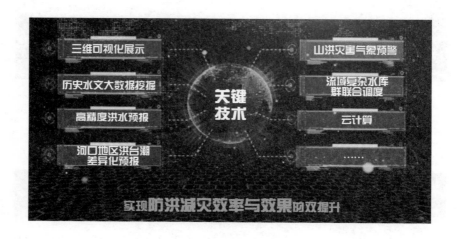

图 5-38　"防汛大脑"

资料来源：中国电建集团华东勘测设计研究院有限公司。

3. 规划创新与特色

　　水雨情信息实时感知。该平台通过 5G 通信、卫星通信技术，保障数据传输，利用卫星遥感、无人机、视频监控等技术，建立"天空地一体化"监测体系，实时分析水雨情信息（见图 5-39），实现自动监测传输，江河、水库站点超限自动预警等功能，判断当前防洪重点区域。

　　洪潮风险精准预测。该平台将雨情、水情、工情及地形等信息有机结合，

---

　　①　资料来源：中国电建集团华东勘测设计研究院有限公司。

图 5-39 水雨情区域信息

资料来源：中国电建集团华东勘测设计研究院有限公司。

与气象联动，共享气象降雨预报成果，动态展现雨情、水情、工情的时间和空间分布特征（见图5-40）。通过数值模拟、大数据分析等多种技术手段，构建洪水、风暴潮、涌潮等多类型预报模型库，提前预见期至三天，实现钱塘江流域洪水、河口风暴潮以及涌潮精准预报。

防汛形势在线研判。该平台划分防洪保护区、江道行洪能力、洪水风险等级，研判钱塘江防汛总体形势。汛前排查隐患高风险点，明确隐患清单、责任清单、措施清单，动态销号强化监管，结合气象与水文中长期预测成果，研判汛前形势（见图5-41）；洪水期间分析水库纳蓄能力，通过洪潮预报、洪水演进等模型，研判病险水库、堤防、海塘、在建工程度汛及洪水淹没等风险，实现风险实时预警。

山洪气象预警一键送达。该平台构建山洪气象预警模型（见图5-42），提前3小时、6小时以及24小时预警，并智能生成不同预警信息，实现信息的一键送达，为人员有效转移争取时间，最大限度减少人员伤亡及群众财产损失。

水库调度高效精准。该平台基于常规调度手段和优化调度技术，针对钱塘江流域防洪调度系统特征，建立钱塘江流域35座大中型水库群联合优化调度模型（见图5-43），优化调度目标，充分挖掘流域防洪调度潜力，实现高效精准调度，为确保水库大坝安全及减少对下游的受灾损失提供保障。

应急抢险及时智能。该平台采用数字化技术及运筹学的方法，一键生成抢险技术方案。综合分析险情种类、抢险物资地区分布（见图5-44）及专家资源，推荐物资调配及抢险方案，实现应急抢险及时反应。

4. 实施效果

该平台可实现防洪三维数字演绎，利用自然资源厅局等共享数据，集成水下地形、倾斜摄影以及BIM模型等，构建流域数字化模型。结合洪水预报和洪水演进模型，展现预报洪峰涨落过程，关联周边水利工程情况、涉水构筑物情况以及重点保护对象，对堤防风险、溃堤淹没等进行模拟和可视化展示。

该平台于2019年底上线运行，2020年2月入选水利部"智慧水利"优秀

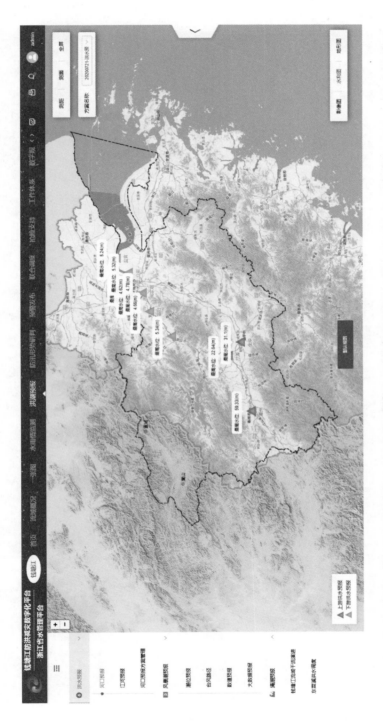

图 5-40 洪潮风险预测

资料来源：中国电建集团华东勘测设计研究院有限公司。

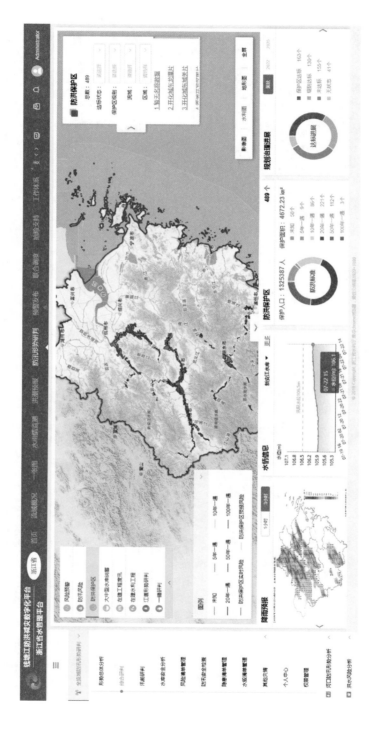

图 5-41　防汛形势研判

资料来源：中国电建集团华东勘测设计研究院有限公司。

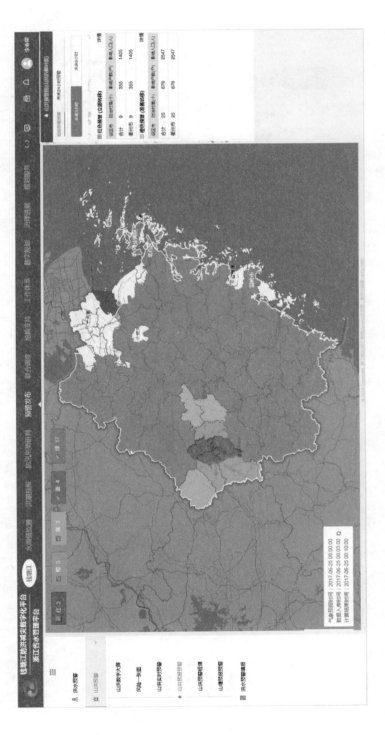

图 5-42　山洪气象预警模型

资料来源：中国电建集团华东勘测设计研究院有限公司。

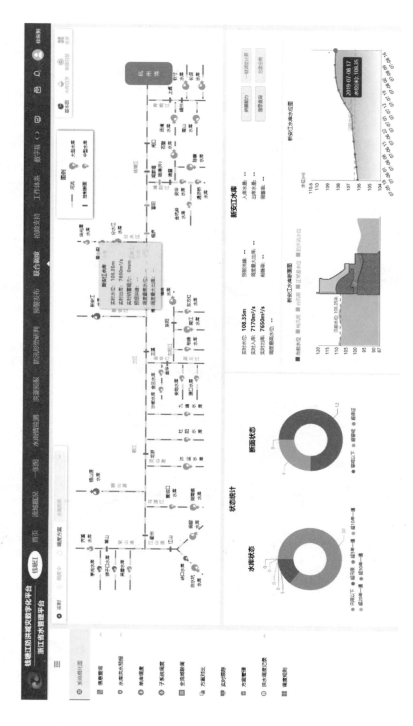

图5-43　数字钱塘江水库优化界面

资料来源：中国电建集团华东勘测设计研究院有限公司。

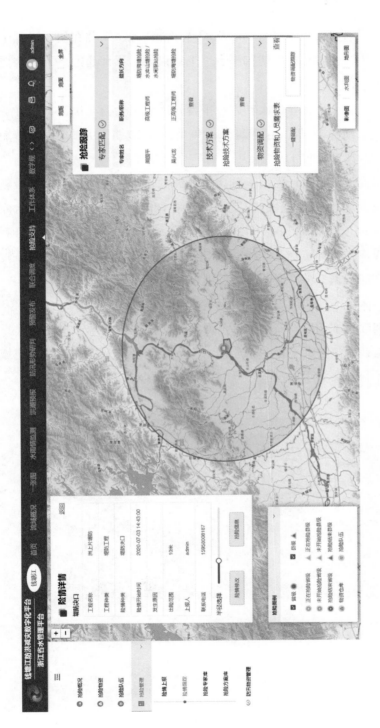

图 5-44 应急抢险区域

资料来源：中国电建集团华东勘测设计研究院有限公司。

应用案例，现已贯通钱塘江流域内 8 市及 43 县（市、区），并在使用过程中逐步推广提升成为浙江省水灾害防御平台。上线以来，累计超过 5 万人次登录平台开展业务工作。

据统计，浙江省、厅领导多次利用该平台开展防汛会商与决策，累计通过该平台发布洪水预警 28 期、山洪 24 小时气象预警 22 期，山洪实时预警短信超过 2 万条、兰溪站预报 110 余次①。

例如，在新安江水库累计面雨量创历史新高的情形下，该平台根据最新的气象预报成果滚动开展 50 余次新安江水库预报调度计算。针对新安江水库开启孔数由 3 孔逐步增至 9 孔的专家组会商意见，不断进行实时评估，且利用风险图研判水库在不同下泄情况下，建德、桐庐、富阳等地区堤防与淹没风险。该平台实时根据上游下泄情况进行洪水滚动预报，研判下游薄弱环节，实现预报调度一体化。其应用场景如图 5-45 所示。2020 年 7 月 20 日，水利部对浙江省水利厅精细调度新安江水库全面发挥防洪作用给予通报表扬（见图 5-46），正是钱塘江防洪平台为新安江水库安全调度以及助力钱塘江流域精准防洪提供了科学决策手段。

图 5-45 新安江泄洪应用场景

资料来源：中国电建集团华东勘测设计研究院有限公司。

---

① 资料来源：中国电建集团华东勘测设计研究院有限公司。

水利部通报表扬！

中国水利 昨天

2020年7月20日，水利部对浙江省水利厅精细调度新安江水库全面发挥防洪作用给予通报表扬

图 5-46　水利部通报表扬

资料来源：中国电建集团华东勘测设计研究院有限公司。

（二）深圳市前海数字城市建设数字化平台

1. 项目概况

深圳前海被定位为整个珠三角的"曼哈顿"，享有粤港澳大湾区、自由贸易试验区、保税港区、深港合作区四区叠加政策，成为我国改革创新与开放升级换代的新起点。

前海深港现代服务业合作区（以下简称"前海深港合作区"）位于深圳城市"双中心"之一——"前海中心"的核心区域，总用地面积 18.04 平方千米，肩负着国家自由贸易试验区、粤港澳合作、"一带一路"建设、创新驱动发展四大国家战略使命及 14 个国家战略定位，地位极为特殊。

2. 设计主要任务和构思

前海深港合作区的开发建设凸显出城市规划、建设标准、建设进度与建设质量要求极高，地下空间开发强度世界罕见，地质条件极其复杂等特点。因此其面临地上地下群体性项目整体开发带来的诸多挑战。地下开发规模和强度是纽约曼哈顿 CBD 的两倍以上，规划设计施工同期推进，地上地下同步开发，市政和地块同步实施，技术接口繁杂，整体统筹难度极大。

华东院的工程数字化解决方案 BIM 技术应用、探索数字化建设管理模式、研发新型智慧城市平台，进入深圳区域 BIM 市场。其设计效果如图 5-47 所示。

3. 设计目标

项目团队要完成前海近 19 平方千米的倾斜摄影测量和实景三维模型，9.75 平方千米的地质三维模型建模，以及地铁工程、地下空间和地下管网、地面道路和地下道路、综合管廊和深隧工程等大量建模工作，梳理参建各方的关系，完成大量管理制度流程制定工作。

4. 设计内容及成果

BIM 信息监控指挥中心建成（见图 5-47）后，截至 2022 年已完成百余次的政府高层接待，以及 70 余场外单位赴前海参观调研任务，累计接待人数800 余人，得到了社会各界的广泛认可，展现了广阔的市场前景，城市级BIM 已然成为前海深港合作区的一张闪耀名片。

图 5-47　BIM 信息监控指挥中心

资料来源：中国电建集团华东勘测设计研究院有限公司。

针对前海深港合作区开发建设的难点，项目团队通过无人机倾斜摄影、BIM 三维建模等技术创建了前海深港合作区地理测绘、工程地质和工程规划三大基础模型，并在此基础上建立了整个前海片区"BIM+GIS"一体化电子沙盘，能够快速梳理、预检和处理各层级规划衔接、地下空间和建设时序在空间、功能和技术上的错漏碰缺，提前预判地质风险，动态监控规划实施情况，大大提高了设计的标准和质量，加快了设计成果的稳定，有效地避免了反复施工。

5. 设计结构与布局

在 BIM 模型成果的基础上，利用多参建方协同工作平台实现了工程投资、进度、质量、安全和环境的集成统一管理，能够支持提前施工模拟、关键线路进度偏差分析、可视化分析模拟和施工资源动态监控，以及移动端的工程质量信息采集与工程安全排查等功能，实现了前海深港合作区市政基础设施工程"线上+线下"的集群项目协同管理模式，提供施工资源、进度、质量、投资、安全等全要素、全过程的数字化管控服务。

6. 实施效果

华东院在现场开展了十余次 BIM 培训，编制了《前海市政工程 BIM 组织实施方案》《前海市政工程 BIM 应用协同管理规定》《前海市政工程 BIM 模型技术标准》《前海市政工程 BIM 数据对象编码标准》《前海市政工程 BIM 数据交付标准》共五本标准，用于确定参建各方的职责权限、保障各方提交 BIM 成果的规范性。该项目于 2021 年 11 月通过了专家评审，并得到了一致认可，为后续推广到市级、国家级层面奠定了基础。

通过参与前海这个国内乃至世界首个以城市级数字化建设工程，华东院逐步研发构建了以城市信息模型（CIM）核心技术为基础的新型数字城市和智慧城市架构体系。华东院也彻底脱离了传统的工作模式，真正实现了从传统三维设计到"全专业、全业务、全过程"的数字化设计，巩固了"一个平台、一个模型、一个数据架构"的数字化应用法则，研发了目前国内唯一能够支撑数字化城市建设的管理平台，为实现城市的数字化建设到城市的智慧化管理打下了坚实基础，也开启了全新的数字化城市服务业态。

（三）芜湖市排水系统智慧运行管理平台

1. 项目概况

2016 年，习近平总书记提出长江流域"共抓大保护，不搞大开发"。芜湖市作为"长江大保护"四个试点城市之一，芜湖排水系统智慧运行管理平台项目实施前，长江大保护水务业务领域缺少专门的信息化系统，存在水务资产底数不清、感知监测基础薄弱、数据共享通道不畅、数字运营缺少平台等系列痛点。在此背景下，芜湖市开展了排水系统智慧运行管理平台建设。

芜湖排水系统智慧运行管理平台服务于芜湖市城区污水系统，服务面积 720 平方千米，服务人口约 251 万，共有 6 座污水处理厂，总规模 85 万吨/天，污水提升泵站 35 座，污水管网 700 千米。其中一期工程服务于城南污水片区，面积 108 平方千米。

芜湖排水系统智慧运行管理平台紧密结合厂站网一体化运营管理业务需求，采取四个一（一张图、一张网、一中心和一平台）的总体架构，综合应用 GIS、BIM、物联网、移动互联网、数值模拟以及大数据分析等技术，实现了资产管理、运行监测、运维管理、报表管理、决策支持、综合调度、安全管理、应急管理、绩效评估、公共服务十大业务应用功能，完成了"定标准，搭框架，集数据，理业务，助力厂站网运营"的建设任务。

该平台显著提高了水务业务全过程管理效率，实现从被动响应到主动应对、从传统人工到智能自动的转变，实现精准溯源、精确诊断、精明施策、精细管理、精益治理，为芜湖长江大保护工程长治久清提供了有力保障。

2. 痛点与需求

水环境治理是长江大保护的重中之重，自 2018 年以来，芜湖市按照"流域统筹、区域协调、系统治理、标本兼治"的原则，采用"厂网河湖岸"一体化方式，推进城区污水系统提质增效 PPP 项目，努力实现长江水质根本好转。2019 年以来，水环境治理项目陆续建成投运。"三分建、七分管"，亟须智慧化管理平台为工程运维赋能。

在芜湖排水系统智慧运行管理平台建设之前，芜湖市污水系统运营管理主要存在以下问题：

（1）水务资产底数不清

芜湖市存量水务资料以图纸和文档为主，数据质量参差不齐，且分散于不同单位；排查与新建管网数据缺少可视化管理系统，造成资产数字化处理难度大，底数难以说清。

（2）感知监测覆盖不全

除污水处理厂、泵站和重点排污企业外，芜湖市对管网、排水户排口、重要区域检查井等其他排水设施未建立监测体系，管理部门无法实时掌握污水系统运行的状况，无法及时准确发现雨污错接乱排污染，也无法对众多污水泵站进行实时联合调度。

（3）数据价值挖掘不足

芜湖市通过管网排查等工程项目积累了大量管网基底数据，后续将陆续产生大量监测数据和运维业务数据。但由于没有专门的数据分析工具，数据价值无法挖掘，无法高效地应用于管网问题诊断与运维指导。

（4）数字运营缺少平台

该平台建成前，芜湖市长江大保护项目没有专门的数字化管理系统，各项业务仍然大量依赖于纸质办公，无法做到数字化管理和智能化数据分析。没有专门的系统对监测数据、巡检记录等进行数字化管理，需花费大量时间去整理资料，耗时耗力。缺乏智能化手段进行外水入渗分析、问题溯源，人工排查难度大，效果不佳。

基于上述问题，芜湖市政府部门和污水系统运营单位长江环保集团期望建立污水系统物联网感知监测体系，采用大数据分析和数值模拟等技术，打造"全面感知、科学评估、智能预警、辅助决策"的厂站网一体化智慧化管理平台，实现污水系统运营管理数字化智慧化。

3. 建设目标

该平台以住建部污水系统增效管网信息化建设要求及长江大保护工程智慧运营管理需求为导向，建设目标如下：以辅助污水"提质增效"任务的圆满完成为近期目标，打造一个规范化、精细化、智慧化的"全面感知、科学评估、智能预警、调度决策"厂站网一体化运维管理平台。本平台以厂站网一体化监测为基础，以大数据分析与数值模拟为智慧核心，建设满足设施设备资产管理、巡检养护、绩效考核、监测预警、综合调度等重要业务需求的智慧水务系统，提高对水务设施排查、巡检、养护、调度、监督、考核全过程的管理效率与水平，实现污水系统运维与监管工作从被动响应到主动应对，从传统人工到智能自动的全要素全过程的系统治理转变，实现精确析源、准确诊断、精明施策、精细管理、精益治理。实现水务资产孪生、状态孪生，让"看不见"的"看得见"；实现问题诊断、污染溯源，让"说不清"的"说得清"；实现优化调度，问题处理，让"管不住"的"管得住"。

4. 方案设计

（1）技术路线

芜湖排水系统智慧运行管理平台工程整合物联网技术、BIM 技术、GIS

地理信息技术、数值模拟技术以及大数据分析等先进技术，实现管网实时监测数据和厂站运行监测监控数据汇聚管理，将业务管理流程数字化，巡检养护等运维工作流程在线化，通过建模分析做出相应的辅助决策建议，实现排水业务全过程智慧化动态管理。

该平台建设思路采取总体规划、分层建设、分步实施、并行推进的策略，将建设任务分层次、分阶段、分轻重缓急开展实施建设。其中，一期工程实现"定标准，搭框架，集数据，助力厂站网运维"；二期工程实现"全覆盖，深应用，展智慧，实现全业务管理"。

（2）总体架构

芜湖排水系统功能规划主要以业务和技术双驱动，软件解耦、复用和标准化为思想，规划为"三域六层两体系"的功能体系架构，包括能力开放域、平台服务域和运维管理域，以及感知层、网络层、设施层、平台层、应用层、访问层和运维保障体系、标准规范体系（见图5-48）。

（3）技术架构

该平台依托物联感知数据、视频监控数据、监测数据和水务、气象等业务数据，以 Spring Cloud Alibaba 作为微服务架构底座，采用 Spring Boot 快速开发框架，通过构建集成统一 GIS、统一身份认证、统一数据库（Oracle）技术、统一权限认证的公共支撑平台，使用主流的工作流引擎，搭建统一的应用支撑平台（见图5-49）。

（4）功能架构

该平台主要打造资产管理、运行监测、运维管理、报表管理、决策支持、综合调度、安全管理、应急管理、绩效评估、公众服务十大功能模块，针对不同用户开发网页应用系统、移动 APP、微信小程序、大屏展示系统（见图5-50）。

5. 建设内容

（1）感知监测体系建设

中国电建集团华东勘测设计研究院建成了一套性能稳定、操作方便、功能完善、切合实际、覆盖全片区的污水系统感知监测系统，实现对片区重点排水户、污水系统关键节点等从"源头—关键节点—终端"全过程进行实时

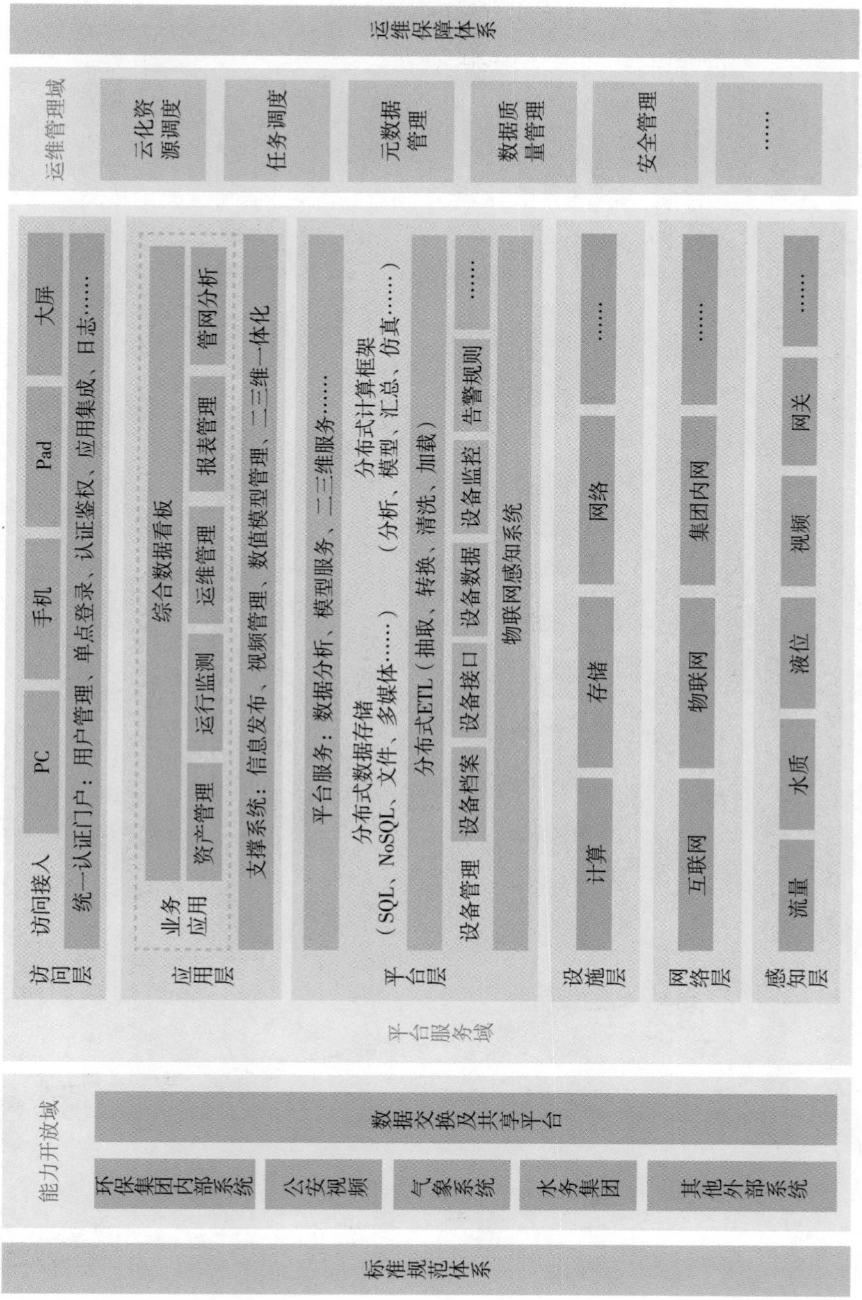

图 5-48　总体架构

资料来源：中国电建集团华东勘测设计研究院有限公司。

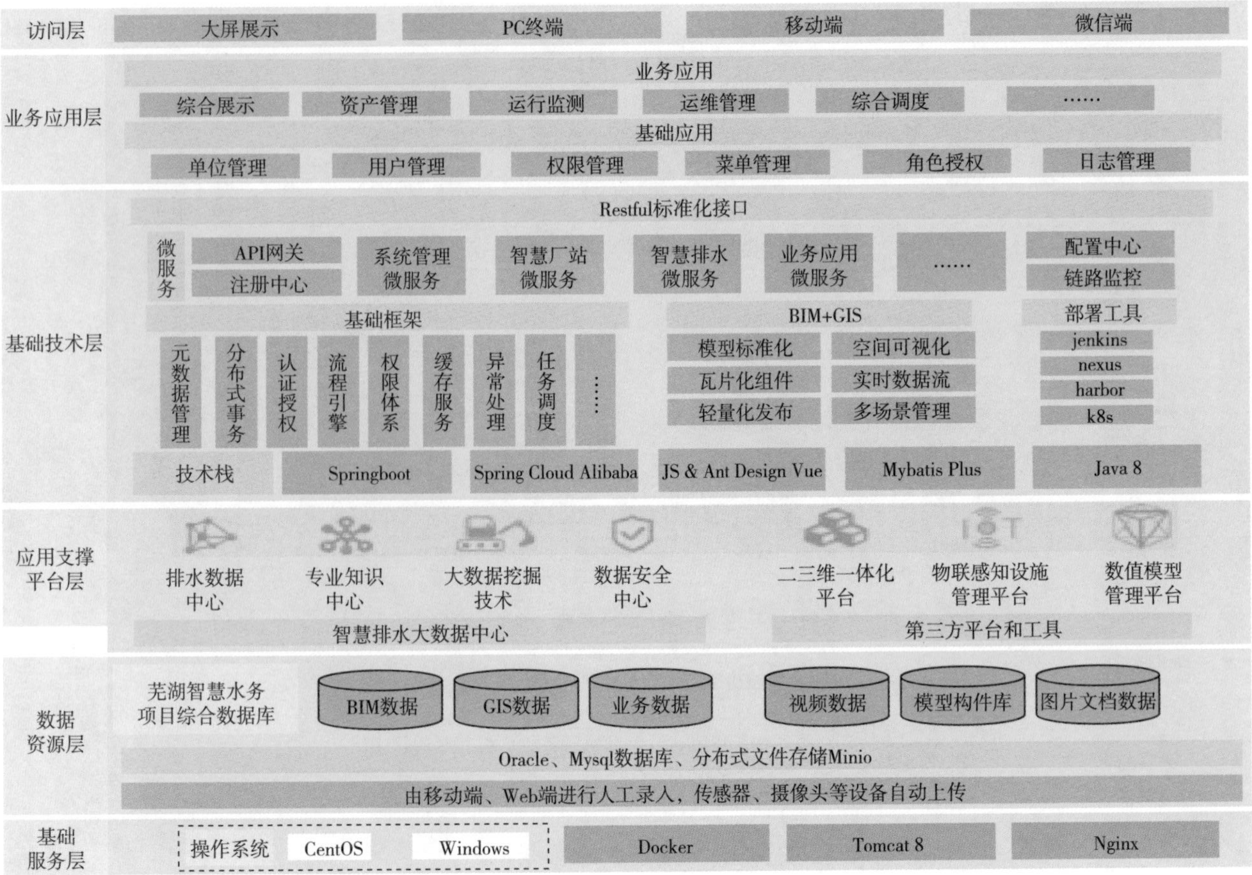

访问层：大屏展示　PC端　移动端　微信端

业务应用层
- 综合展示　资产管理　运行监测　运维管理　综合调度　……
- 单位管理　用户管理　权限管理　基础应用　菜单管理　角色授权　日志管理

基础技术层（Restful标准化接口）
- 微服务：API网关　注册中心｜智慧厂站微服务　智慧排水微服务　业务应用微服务｜配置中心　链路监控
- 基础框架：元数据管理　认证授权　分布式事务　流程引擎　缓存体系　权限体系　异常处理　任务调度　……
- BIM+GIS：模型标准化　瓦片化组件　轻量化发布　空间可视化　实时数据流　多场景管理
- 部署工具：jenkins　nexus　harbor　k8s
- 技术栈：Springboot　Spring Cloud Alibaba　JS & Ant Design Vue　Mybatis Plus　Java 8

应用支撑平台层
- 排水数据中心　专业知识中心　大数据挖掘技术　数据安全中心　二三维一体化平台　物联感知设施管理平台　数值模型管理平台
- 智慧排水大数据中心
- 第三方平台和工具

数据资源层
- 芜湖智慧排水项目综合数据库
- BIM数据　GIS数据　业务数据　视频数据　模型构件库　图片文档数据
- Oracle、Mysql数据库、分布式文件存储Minio
- 由移动动端、Web端进行人工录入，传感器、摄像头等设备自动上传

基础服务层
- 操作系统　CentOS　Windows　Docker　Tomcat 8　Nginx

图5-49　技术架构

资料来源：中国电建集团华东勘测设计研究院有限公司。

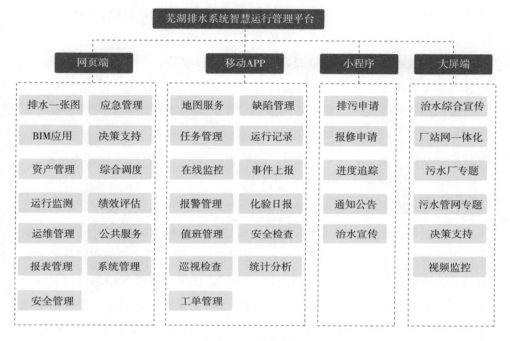

图 5-50　功能架构

资料来源：中国电建集团华东勘测设计研究院有限公司。

在线监测，动态掌握污水系统水质、水位、流量数据，为污水冒溢预警、外水入流入渗、污水高水位运行分析等提供数据支撑，实现对芜湖提质增效工程效果的精准评估。

其中，城南污水系统试点片区的感知监测建设内容包括：雨量计 2 套、液位计 107 个、流量监测 25 处（其中临测 10 处）、水质监测 16 处（其中临测 10 处）、智能井盖传感器监测 30 处。

管网监测数据、污水处理厂与泵站运行控制数据等均通过物联网平台进行汇集、清洗和集中管理。截至 2022 年，已建感知监测设备数据已经通过物联网平台接入本平台，正在积累运行监测数据，为大数据分析、数值模型等功能的进一步实现做准备。

（2）数值模型建设

在该平台一期工程中，基于城南污水系统片区存量污水管网排查数据与新建污水管网设计数据，以及现有污水处理厂、泵站运行数据，构建污水基础数值模型。后续利用管网竣工验收数据等进行基础模型的修正。利用现有污水处理厂监测数据及其他监测数据，对数值模型进行初步的率定验证，后期感知监测系统建立之后，对模型进行进一步的率定验证。

在一期工程建设中，利用管网数值模型，实现现状工程下的污水系统运行状态模拟、工程改造效果评估、污水系统运行风险评估、污水系统调度优化分析等功能，基于管网 GIS 系统，对数值模拟结果进行可视化动态展示。

（3）二三维 GIS 与 BIM 系统建设

二三维 GIS 平台基于 Web 框架搭建，提供了一个直观、操作简单的业务平台。通过接入水务设施监控数据、在线监测感知数据以此实时感知排水管理的各项设施状态，结合地理大数据、空间信息技术，采用地图可视化的方式有机整合排水业务数据，形成"排水一张网"，可将海量排水信息进行及时分析处理，生成相应的处理结果辅助决策建议，以更加精细化的方式管理水务系统的整个生产、管理和服务流程，并实现污水治理工程规划建设的可视化。

二三维 GIS 平台架构包括感知层、公共基础设施层、应用支撑平台层、数据支撑层、智慧应用层和多渠道展示，并建设网络和信息安全体系、质量管理体系和标准管理体系。

在一期工程中，搭建城南污水处理厂与四座污水泵站 BIM 模型，采用 Revit2019 建模，模型整体精度 LOD350。资料不完整部分采用现场三维激光扫描点云模型收集数据后建模。BIM 构件编码根据运维平台需求对各阶段模型进行编制。该平台采用专业的可视化编辑器 HT 进行 BIM 轻量化展示。

（4）业务应用系统建设

芜湖排水系统智慧运行管理平台一期工程业务应用系统包括了网页端、移动 APP、微信小程序及大屏端。

芜湖排水系统智慧运行管理平台网页端包括排水一张图、BIM 应用、资产管理、运行监测、运维管理、综合调度、决策支持、报表管理、绩效考核、安全管理、应急管理、系统管理、公共服务 13 大模块。网页系统登录界面如图 5-51 所示。

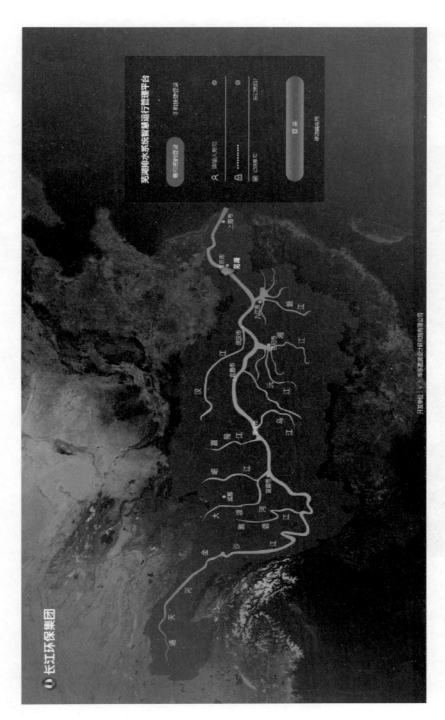

图 5-51　芜湖排水系统智慧运行管理平台页面网页端系统登录界面

资料来源：中国电建集团华东勘测设计研究院有限公司。

　　移动 APP 主要面向外业人员，同时方便芜湖排水系统的管理人员进行信息查询，功能模块包括地图服务、任务管理、在线监测、报警管理、值班管理、巡视检查、工单管理、缺陷管理、运行记录、事件上报、化验日报、安全检查、统计分析等。移动 APP 界面如图 5-52 所示。

图 5-52　运维管理系统移动 APP 界面

资料来源：中国电建集团华东勘测设计研究院有限公司。

　　微信小程序主要面对社会公众，包括排水申请、报修申请、进度追踪、通知公告、治水宣传五大功能。

大屏展示子系统作为对外综合展示的窗口，一方面用于展示建设方排水业务智慧化管理的总体情况、发展历程、运维成效、取得成绩等；另一方面也作为分析决策的应用系统，集成了 GIS 一张图、统计指标、模型模拟结果、大数据分析结果、BIM 等信息，实现排水要素一图全感知，为科学决策提供支撑。大屏界面如图 5-53 所示。

6. 应用场景

（1）GIS+BIM 可视化模型应用场景

通过二维与三维管网 GIS 系统（见图 5-54）及污水厂站 BIM 系统（见图 5-55）可视化展示水务资产，巡检和运维记录实时关联到 GIS 系统和 BIM 系统中，可直观查看设施设备运行状态和缺陷及其处置情况。基于在线监测数据，系统自动判断管网、泵站及污水处理厂运行状态，对于超标超限情况自动发出报警。污水处理厂运维管理人员可直接在 BIM 系统上进行在线巡检，结合监测报警数据和监控视频，通过 SCADA 系统对污水泵站、污水厂工艺进行远程自动控制，实现少人值守甚至无人值守。此外，污水处理厂新员工可直接通过 BIM 系统，在线进行设备操作、巡检、维修的教育培训，身临其境体验污水处理厂运营日常工作。

（2）厂站网运维管理应用场景

运维管理系统采用移动端与 Web 相结合的方式，满足现场巡查人员与监控中心及时沟通信息的需要，在厂、站、网巡查过程中，现场巡查人员通过移动端应用系统（移动 APP 巡检界面见图 5-56），将巡查信息及时上传到监控中心，而监控中心的管理人员通过登录 Web 系统对巡查明细和统计结果进行查询和审核，及时了解巡查现场的详细信息，并对巡查作业情况进行审核，必要时可对现场巡查人员派发紧急任务，现场巡查人员查看任务后即可快速处理事故现场。在厂、站、网各类设施进行养护的过程中，可以利用运维管理系统对现场的养护信息进行记录，并将记录信息向系统进行反馈，及时在系统中显示相应的现场信息和养护工作进展，便于指挥调度。

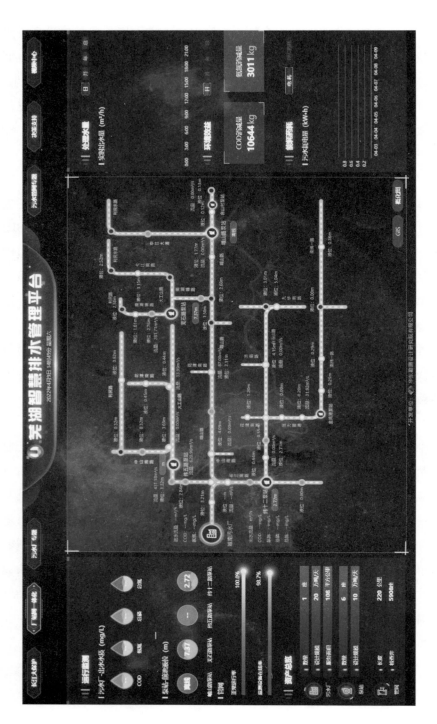

图5-53　大屏界面

资料来源：中国电建集团华东勘测设计研究院有限公司。

图 5-54　二维/三维管网 GIS 系统

资料来源：中国电建集团华东勘测设计研究院有限公司。

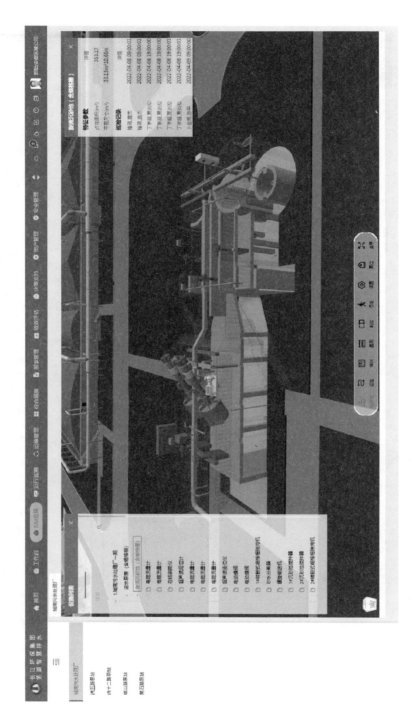

图 5-55 污水处理厂 BIM 应用系统

资料来源：中国电建集团华东勘测设计研究院有限公司。

图 5-56　移动 APP 巡检界面

资料来源：中国电建集团华东勘测设计研究院有限公司。

（3）基于数值模拟的管网运行状态评估与泵站优化调度应用场景

在典型降雨条件及旱天条件下，结合排水户基础数据、排水户水量、水质监测数据等资料，对排水户排水水量、水质进行分析，得出各类典型排水户的排水水量、水质过程作为污水管网模型的输入条件，并考虑混接的雨水管道混入雨水情况、地下水入渗情况等，对污水管网的液位、流量、流速、水质等进行模拟，得出污水管网的液位分布、流速分布、充满度分布、水质分布等结果，分析评估污水管网的排水能力，基于 GIS 系统展示评估结果，为污水调度、污水管网改扩建、污水管网清淤维护等提供数据支撑。

基于现实的污水输移情况，运维管理系统通过设置不同的泵站调度方案，以充分利用污水管网调蓄空间、不出现污水冒溢出路面为主要目标，进行污水系统的数值模拟（见图5-57），比选得出满足污水系统运行目标的相对较优的泵站调度方案，通过SCADA系统对泵站进行远程智能控制。

7. 创新与特色

芜湖排水系统智慧运行管理平台项目是长江大保护首批智慧水务项目、全国黑臭水体治理示范城市重点项目、芜湖市加快智慧城市建设三年行动计划的重点工作。该项目打造的厂站网一体化智慧运行管理平台，为长江大保护智慧水务建设提供了示范。

该项目基于GIS+BIM实现资产与运维可视化管理，基于物联网技术实现管网监测数据与厂站运控数据融合管理，基于数值模拟与大数据技术实现水务数据深挖应用，为长江大保护水环境综合治理工程提供了厂、站、网一体化智慧运维管理平台。

第一，基于GIS+BIM轻量化技术，构建水务设施数字孪生模型，实现设施资产全可视。构建污水管网二维与三维GIS模型与污水处理厂与泵站轻量化建筑信息模型（BIM），并将设施设备属性数据、在线监测数据、运行状态数据、业务管理数据等进行有机关联与可视化展现，实现污水处理厂、泵站及管网各类数据的二维与三维GIS+BIM融合数字化管理，消除信息孤岛，使水务设施资产一图可视、可查、可更新。

第二，应用物联网技术，构建污水系统感知监测网络，实现运行状态全监控。该平台深入应用物联网技术，通过固定站点与移动监测相结合的方式，建立了涵盖网、站、厂的城市排水系统动态物联感知网，构建了水务业务感知数据标准化接口与设备基础管理功能，具备高效通信、数据采集、设备控制及实施交互、快速部署能力，支持多样化设备接入，为新建水情、工情、水质和安全监测等传感设备提供了快捷接入服务，基于实时在线监测监控数据精准识别水务系统问题，高效生成报警事件。

第三，应用数值模拟技术，构建污水管网水力水质机理模型，实现溯源

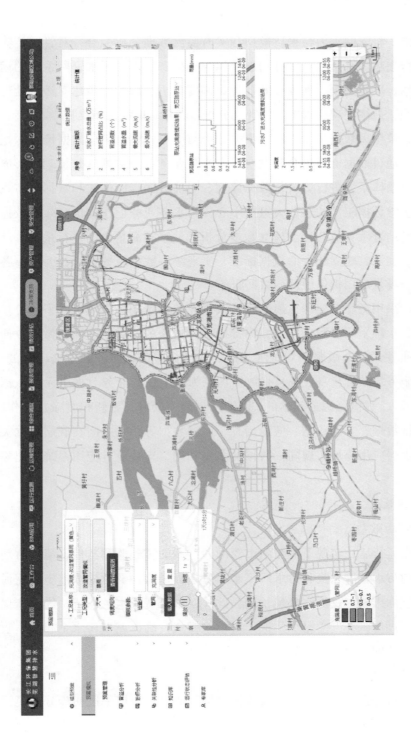

图 5-57 数值模拟结果动态演示页面

资料来源：中国电建集团华东勘测设计研究院有限公司。

调度全智能。将管网水力与水质模型和实时监测数据分析融合，对管网传输过程的运行态势、水质状况进行动态模拟与分析，实现对污水管网系统的运行状态评估、风险识别、溯源诊断及优化调度分析。后续逐步建立污水处理厂工艺模型，最终实现厂内工艺的智能分析与药耗、能耗的精准控制。

第四，采用大数据技术，构建数据分析与应用体系，实现数据价值深挖掘。该平台通过数据资源整合和共享，对水务业务各类数据进行梳理，形成数据资源目录体系，进行持久化数据选型、明确数据存储格式和数据分布策略，形成多维数据驱动的水务大数据中心，为水务业务运作提供高效的数据支撑。同时结合水务业务特点建立数据分析算法，对海量数据进行采集、计算、存储、加工，建立统一的数据标准，实现统一数据服务接口，为水务各类复杂业务场景应用提供便捷的数据服务。

第五，采用微服务架构，建立原子级服务数据单元，实现水务平台可扩展。该项目系统采用微服务架构，内部由多个微服务构成，不同的微服务面向不同的业务，每个微服务均是独立的、业务完整的，服务间是松耦合的。各数据微服务均结合自身业务，将数据切割为原子级的业务数据单元（数据中心的资源），提供资源最基本的 CRUD（创建、读取、更新和删除）操作。系统中运维数据、安全数据、应急信息、监测数据等相互之间在底层建立关系，通过表层应用模块实现同一数据的多重利用，支持业务应用系统快速集成部署。

8. 实施效果

（1）环境效益

该平台运行后，实现了对芜湖市管网和厂站的实施监测监控，第一时间发现潜在的污水冒溢风险和污水厂出水水质超标风险，及时采取措施防止污水冒溢与超标排放，赋能水环境治理。此外，依托智慧水务系统，进一步优化"厂网河湖岸一体""泥水并重"等治水模式，确保城镇污水全收集、收集全处理、处理全达标，让芜湖市水环境质量日益改善。

（2）经济效益

该平台目前正在积累厂站运行监测数据，通过大数据手段初步分析了污水厂能耗、药耗的影响因子，今后随着数据的积累，将为污水厂能耗药耗控制、管网精准清疏养护等提供支持，节约厂站网运维成本。

（3）管理效益

芜湖排水系统智慧运行管理平台为治水工程、系统运维提供了全生命周期的智慧化服务。通过本平台，实现污水系统运维与监管工作从被动响应到主动应对，从传统人工管理到智能自动系统管控，从碎片化治理到全要素全过程的系统治理转变。水务资产、运行状态等信息一目了然，让过去"看不见"的都能"看得见"。同时，实现问题智能诊断、污染精准溯源，让过去"说不清"的都能"说得清"；并对问题处理留痕，优化运行调度，让"管不住"的都能"管得住"。

长江大保护任务艰巨。截至 2022 年，芜湖市智慧水务建设处于先行先试阶段。今后，该平台将进一步完善应用功能，扩大应用范围，为长江大保护"助力添彩"。

9. 方法经验总结

芜湖排水系统智慧运行管理平台项目建设经验总结与建议如下：

首先，项目采取总体规划、分期实施的方式，一期工程实现"定标准，搭框架，集数据，助力厂站网运维"；二期工程实现"全覆盖，深应用，展智慧，实现全业务管理"，急用先行，循序渐进，避免了缺乏顶层设计缺造成系统架构混乱、扎堆建设造成系统功能不足或过剩等问题。

其次，物联感知体系建设方面，本项目一方面采用永久监测与临时监测相结合，既满足了管网运维的需求又节约了监测设备建设成本；另一方面采用物联网、大数据等技术对监测设备与监测数据进行统一分析管理，实现了多源数据的融合应用。

最后，本项目系统无论是从方案设计还是从开发技术选型上，均充分考虑了通用性和可扩展性。利用通用化功能模块实现了污水厂、泵站及污水管网一体化管理，并采用微服务架构等先进技术确保了系统具有良好的可扩展性，未来可根据业务发展的需要扩展相应的功能模块。

四、缔造"三生共融"水城

（一）杭州市三江汇防洪堤周边地区城市设计

1. 项目概况

三江汇地区是钱塘江世界级景观廊道——"西湖—富春江—千岛湖—黄山"国家黄金旅游线上的重要节点；是杭州"南启"战略出发点；是承接钱塘江水系上下游两个扇面的关键点：一是钱塘江水道转折点，二是广袤平原向低山丘陵的转折点，三是都市地区向田园地区转换的转折点。三江汇地区的大鸟瞰图如图 5-58 所示。

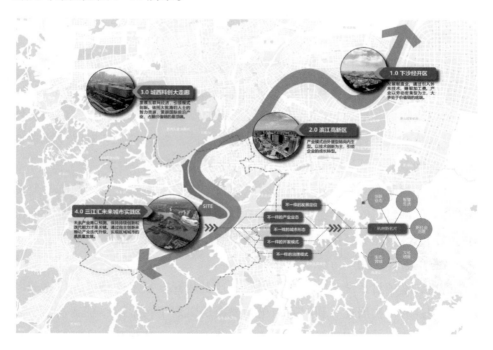

图 5-58　三江汇地区大鸟瞰图

资料来源：中国电建集团华东勘测设计研究院有限公司。

三江汇地区防洪堤周边地区城市设计范围：堤防岸线及一定纵深区域的腹地空间和沿江重要的城市功能片区，涉及堤防总长约7.8千米，规划面积约5.39平方千米（含钱塘江水域面积0.8平方千米）。绿心公园东江嘴片区方案设计范围：绿心公园东江嘴片区，面积约8.41平方千米（含钱塘江水域面积1.5平方千米）。

①安全：可持续滞蓄区。从景观生态的角度重新雕琢三江汇河道形态与滞蓄洪区体系，形成满足防洪要求，兼具生态美感的防洪安全体系。②持续：水量平衡。在满足蓄洪容积要求和功能的同时，分析水系的可用水资源和生态需水量，设计了可持续的引水和水循环系统。③健康：水质保障。通过高滩湿地与中心湿地净化，提升场地内水系水质，同时减少农业污染，是食品安全与居民健康的重要保障。④记忆：生态坊巷。从海绵城市的设计理念出发，保留场地水网脉络，重新构建城市雨洪系统性节点。

设计范围、设计效果分别如图5-59、图5-60所示。

图5-59　三江汇地区设计范围

资料来源：中国电建集团华东勘测设计研究院有限公司。

图 5-60   三江汇地区规划效果

资料来源：中国电建集团华东勘测设计研究院有限公司。

2. 设计目标

三江汇流，构筑起杭州未来城市建设的蓝本，三江汇理想邦试图对新时代人类诉求进行一次有益的尝试：①以低影响可持续的开发模式，重新构建了人、地、水和自然的关系；②以一种自在的生活方式，构建和谐美好的社区；③以改造为主的开发模式保留了乡村亲切的空间尺度；④以新型产业的引入为三江汇区域创造新的经济价值；⑤人才的回流和新社群的营造满足了人类最憧憬的生活——自然和谐，共享天伦之乐。

3. 项目内容

（1）人居公园

以田园为本底，通过水道阡陌、林绿成网、乡田野趣、绿丘点睛，塑造多场景的"生态+文化+科技"复合型参与式人居公园。

（2）水道阡陌：水系恢复

水网格局：地形平坦，水系资源丰富。基地地势整体平缓开阔，钱塘江、富春江、浦阳江在基地内交汇，包含山水林田湖草全要素，具备得天独厚的生态本底。水网密度、桑基鱼田是基地的核心特征。基地共有主要河道11条，分布较为均匀，和农田水塘交织成南方水乡特色肌理。水网格局如图5-61所示。

图 5-61 三江汇地区水网格局

资料来源：中国电建集团华东勘测设计研究院有限公司。

防洪排涝思路："上疏+外排+内滞"。地势较高区块，通过河道整治增加区域外排能力、降低干河水位以实现城市涝水重力外排，同时适当抬高地面以减少城市腹地与堤防高差；地势低洼区块排水不畅，以城市道路、河道堤防为基础形成内部小封闭圈，采取闸泵站等措施实现排水。水体流速二维水动力模拟和换水周期二维水动力模拟见图5-62、图5-63。同时增加河道规模，提升三江汇地区河道自身滞蓄能力。雨洪滞蓄常水位与雨季水位对比如图5-64、图5-65所示。

图 5-62　水体流速二维水动力模拟

资料来源：中国电建集团华东勘测设计研究院有限公司。

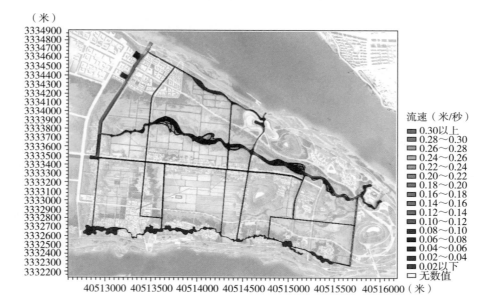

图 5-63　换水周期二维水动力模拟

资料来源：中国电建集团华东勘测设计研究院有限公司。

图 5-64　雨洪滞蓄——常水位

资料来源：中国电建集团华东勘测设计

研究院有限公司。

图 5-65　雨洪滞蓄——雨季水位

资料来源：中国电建集团华东勘测设计

研究院有限公司。

　　沿江水系净化：于东江嘴退堤区域设立高滩湿地，使江水泵入湿地并净化获得水质提升。通过退堤调整小沟闸位置，净化过的优质水通过小沟闸进入中央绿芯（见图 5-66）。

图 5-66　沿江水系净化示意图

资料来源：中国电建集团华东勘测设计研究院有限公司。

中心净化湿地：中心水系作为东江嘴绿心公园最大水系，承接永久农田的排水与地表径流的净化，并以水为基础打造湿地生境（见图5-67），承担游憩休闲等公园职能。

图5-67　中心净化湿地

资料来源：中国电建集团华东勘测设计研究院有限公司。

（3）林绿成网：造氧工厂

保留三江汇现状村落并整合村落周边农田，为森林塑造创造可能性。将森林群落引入林地，在村落周边形成绿色缓冲带。打造高科技复合模式农田，构建内部互利的生态循环体系（见图5-68、图5-69）。

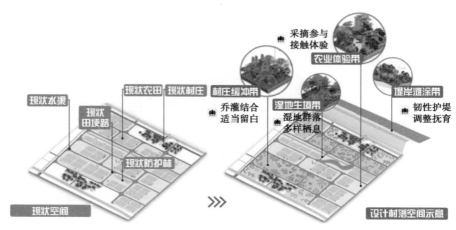

图5-68　生态循环体系

资料来源：中国电建集团华东勘测设计研究院有限公司。

图 5-69　水田造氧工厂

资料来源：中国电建集团华东勘测设计研究院有限公司。

（4）乡田野趣：复合农田

将三江汇场地内永久性农田的利用转换为面向未来的高科技复合模式，构建内部互利的生态循环体系，减少对外污染；保障食物丰产及食品安全健康，同时使农田具备游览、体验、农业文化展示的使用功能（见图 5-70~图 5-72）。

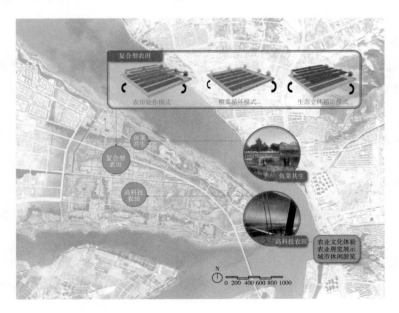

图 5-70　复合农田

资料来源：中国电建集团华东勘测设计研究院有限公司。

图 5-71　鱼菜共生　　　　　　　　　　图 5-72　水田书屋

资料来源：中国电建集团华东勘测设计研　　　资料来源：中国电建集团华东勘测设计研

究院有限公司。　　　　　　　　　　　　究院有限公司。

（5）绿丘点睛：绿线入丘

三江汇地区的中央平原地带，由常年的水流和波浪堆积作用形成，海拔较低，地势平坦。因防洪高度需求，堤防的堤顶标高普遍比外围腹地高 2~3 米，使人们即便靠近江边，视线也会被大堤遮挡，即"近江不见江"；大堤与三江汇腹地之间因高差问题，缺乏便捷到达江岸的步行联系路径。改造步骤和改造效果见图 5-73、图 5-74。

（6）绿丘点睛：跃动之丘

东江嘴公园作为观赏三江汇的重要场地，通过各类活动的导入来激活场地，是三江汇承载游憩与节庆活动的主要区域（见图 5-75、图 5-76）。

4. 未来城市

未来城市的 5 大核心内涵：生态田园、未来乡村、文化焕新、数字赋能、韧性社会；以人为本 6 大社群：数字新游牧、游子归乡人、自然发烧友、文化先锋者、社区休闲客、探趣旅游者齐聚；以业为乐 6 种活力生活构建：归巢在"乡野"、乐业在"粮仓"、畅游在"水邦"、潮玩在"绿丘"、博文在"厅堂"、学习在"洲田"。

田园创享 6 大聚落：创新源·科创 CBD、众创场·蚂蚁金服、链接站·田园 TOD、先锋场·田园 COD、未来村·田园 MOD、原生乡·田园 EOD。

（1）科技创享城

规划策略包括通山达江、触媒激活、活力江面三部分，如图 5-77 所示。

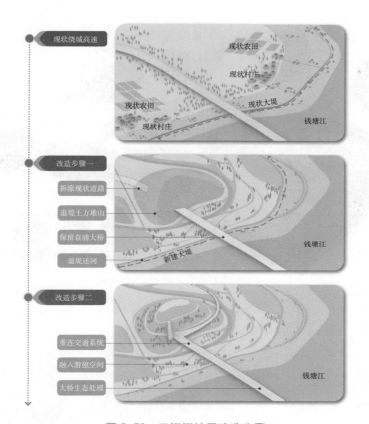

图 5-73 三江汇地区改造步骤

资料来源：中国电建集团华东勘测设计研究院有限公司。

图 5-74 三江汇地区改造后效果

资料来源：中国电建集团华东勘测设计研究院有限公司。

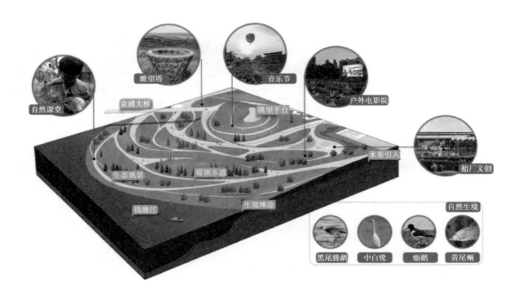

图 5-75 三江汇地区景观节点

资料来源：中国电建集团华东勘测设计研究院有限公司。

图 5-76 东江嘴跃动之丘

资料来源：中国电建集团华东勘测设计研究院有限公司。

通山达江：尊重场地生态格局，保留若干生态廊道，通山达江，形成山、城、江串联的格局。这些廊道将成为场地的线性记忆和活力通道。

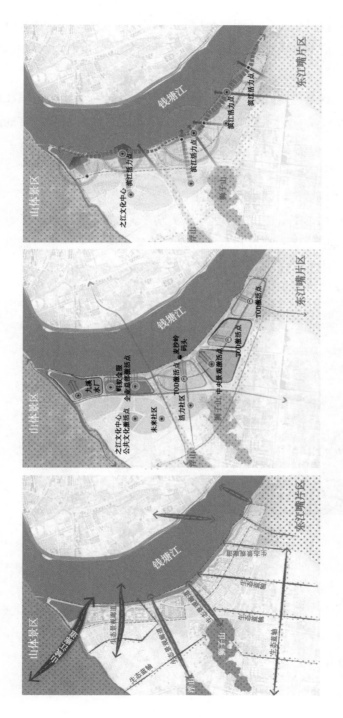

图 5-77 三江汇地区规划策略

资料来源：中国电建集团华东勘测设计研究院有限公司。

触媒激活：以科创机构（蚂蚁金服）、地铁站点为触媒，激发区块活力，植入交通转换、商务办公、商业贸易、研发生产、公共生活以及居住等功能，集聚活力人群。

活力江面：通过山水廊道轴线，建成城市活力导向滨江，在滨江设置一系列公园、广场、文化艺术公共建筑、滨水商业综合体，承载丰富的滨江城市活动。

（2）田园理想邦

田园理想邦包括田园创享 6 大聚落。

创新源·科创 CBD：三江汇理想邦实践未来城市的创新策源地和动力源，汇聚创意阶层、多元社群和多样活动，引领地区实现创新飞跃发展（见图 5-78）。

图 5-78   创新源·科创 CBD

资料来源：中国电建集团华东勘测设计研究院有限公司。

众创场·蚂蚁金服：三江汇理想邦践行普惠金融、落实大众创业的重要资源支撑，致力于打造开放包容的创业孵化生态系统，实现未来城市双创发展（见图 5-79）。

图 5-79 众创场·蚂蚁金服

资料来源：中国电建集团华东勘测设计研究院有限公司。

链接站·田园 TOD：以轨道交通为驱动，三江汇理想邦以田园 TOD 为链接站和能量交换中心，实现人流转运和生态产品物品交换和价值转换（见图 5-80）。

图 5-80 链接站·田园 TOD

资料来源：中国电建集团华东勘测设计研究院有限公司。

先锋场·田园 COD：以文化公建为驱动，三江汇理想邦将田园 COD 打造为潮流先锋场，实现传统与现代的转换，自然与人工的交融，文化与艺术的碰撞（见图 5-81）。

图 5-81 先锋场·田园 COD

资料来源：中国电建集团华东勘测设计研究院有限公司。

未来村·田园 MOD：以创客游才为驱动，三江汇理想邦将田园 MOD 打造为融汇创新智慧、汇聚创新人才的未来村落，为创业初期的团队提供友好支撑保障（见图 5-82）。

图 5-82 未来村·田园 MOD

资料来源：中国电建集团华东勘测设计研究院有限公司。

原生乡·田园 EOD：以生态建设为驱动，三江汇理想邦将生态资源作为本底，田园 EOD 通过生态赋能、社区赋能和产业赋能，实现生态原真绿色永续发展（见图 5-83）。

图 5-83　原生乡·田园 EOD

资料来源：中国电建集团华东勘测设计研究院有限公司。

（二）温州市灵昆全域生态环境导向产城融合开发规划

1. 项目概况

灵昆岛位于浙江省温州市瓯江口产业集聚区灵昆片区，行政区划属于洞头区灵昆街道，是瓯江口产业集聚区的重要组成部分。从区位图上看，灵昆岛是温州从江域走向海域的重要节点。片区涉及 9 个行政村，户籍人口约 2.2 万，流动人口约 0.66 万。合作区域面积共计 21.4 平方千米，东至雁鸣路，南至瓯江南汊，西北至瓯江北汊，主要开发范围约 9 平方千米（见图 5-86）。

灵昆岛为海岛，交通不便，加之长期受到规划控制和资金短缺的制约，总体上经济实力不强，城镇化水平低，仍处于农村自由发展状态，未能形成真正意义上的中心区。岛内用地现状呈无规则的"马赛克"式拼接肌理（见图 5-85），用地较为散乱，发展制约大。

图 5-84　灵昆岛规划范围

资料来源：中国电建集团华东勘测设计研究院有限公司。

　　灵昆岛场地现状无明显的生态廊道和成规模的生态斑块，不利于生态保育和生物多样性，难以承担瓯江口重要生态屏障的功能；村庄基础设施配套相对落后，人居环境相对较差；河道水系格局较杂乱，无稳定水源，水质较差，富营养化程度较高。此外，由于灵昆岛经济条件较弱，生态环境保护修复投入有限，制约了生态环境和人居环境的提升改善。

　　为优化灵昆岛区域空间布局，改善人居环境，遵循生态优先、绿色发展的思路，以生态环境为导向，对灵昆岛全域进行整体开发，并推动灵昆岛全域未来社区建设，创建生态型、智慧型城市，对于灵昆片区的发展来说是十分必要的。

　　在此背景下，2021 年温州市瓯江口开发建设投资集团有限公司经瓯江口产业集聚区管理委员会整体授权，就国家海洋经济示范区灵昆全域生态环境

图例

水域及水利设施用地
湿地
特殊用地
种植园用地
耕地
草地

交通运输用地
住宅用地
公共管理与公共服务用地
其他土地
商业服务业用地
工矿用地
林地

图 5-85　灵昆岛用地现状

资料来源：中国电建集团华东勘测设计研究院有限公司。

导向产城融合开发 EOD 试点项目合作方开展公开采购，该项目成功中标。

2. 设计主要任务和构思

灵昆岛是温州市融入东海战略，承接"长三角""粤闽浙"两大城市群的重要节点，是温州城市从"旧江城"向"新海城"转变的时空交点，是支撑周边片区要素流动与生态保育的核心支点。

因此，依托灵昆岛江山河海共生交融的生态格局，以智能高效、低碳生态为目标打造生态智慧城，充分挖掘并彰显灵昆岛的发展潜力，以助力共同富裕示范区的建设。在此基础之上，结合科技智慧等相关要素，引领并提升温州城市发展等级，推动温州市再度崛起，成为"海上新温州"宏大愿景实现的重要推手。

该项目规划采用 EOD 模式和产城融合开发模式，全面实施环境治理和生态修复，推进片区土地集约化高效利用，加快完善生态空间、生活空间、生产空间。实施韧性蓝岛、花园海岛、创享曼岛和数字智岛四大策略，改善人居环境，提升土地价值，促进产业升级和人口聚集，提高城市运营水平。

3. 设计目标

以 EOD 模式和产城融合开发模式为引擎，本项目提出"海上新城，生态智岛——生态园林智慧城市"的愿景。海上新城依山凭海，执花造园，创诗画新城；生态智岛顺智而行，以数营城，筑智慧海岛。设计项目的总体鸟瞰图如图 5-86、图 5-87 所示。

图 5-86　灵昆岛总体鸟瞰图　　　　　　　图 5-87　瓯江口鸟瞰图

资料来源：中国电建集团华东勘测设计研究院有限公司。

4. 设计结构与布局

本项目从花园景观、创想单元和未来中轴三方面，体现"花蔓海城"设计理念。以 TOD 为核心，形成七个花园组团，展现"蓝绿轴带共享，一芯七坊共生"的空间结构（见图5-88）。

图 5-88 规划结构

资料来源：中国电建集团华东勘测设计研究院有限公司。

一芯：TOD 公共中心，即"灵昆之芯"打造独具标识的地标建筑群。

七坊：以 TOD 为核心，沿蓝绿轴带形成七个花园组团，即 TOD 生活坊、互联共享坊、湿地康养坊、时尚潮流坊、田园风情坊、滨河艺术坊、湖畔人才坊。

5. 设计创新与特色

本项目以 EOD 为导向提出四大策略：通过韧性蓝岛策略和花园海岛策略改善生态环境和人居环境，为导入产业和吸引人才创造条件，提升土地价值；通过创享曼岛策略提升产业，回哺项目投入；通过数字智岛策略提高城市运营水平。

（1）策略一：韧性蓝岛

韧性蓝岛策略延续温州古城象天法地，延山引水的营城理念，结合灵昆岛自然历史特征，通过溯源、通脉、护田、构廊、成景五大步骤，构筑蓝绿空间格局，将山水引入城市，让自然5分钟可达，蓝绿空间占比65%，水面率提高6%，调蓄空间增加126万立方米。打造五横七纵一湖的韧性水网，通过闸泵的自动化控制，拒咸蓄淡，适应水位涨落变化，当江水含盐量低时，从瓯江引水，经沉淀处理，由西向东滋润全岛，北侧污水处理厂仿佛城市泉眼，中水经过湿地净化向南流淌，形成中央湖面，既增加水资源调蓄能力，又发挥了很好的生态景观价值。蓝绿空间生成思路如图5-89所示。

（2）策略二：花园海岛

花园海岛策略体现"花蔓海城"设计理念，以TOD为核心，生长出三根茎脉，形成湿地康养坊、田园风情坊、湖畔智造坊、互联共享坊、时尚潮流坊、TOD生活坊和滨河艺术坊七个花园组团，田园景观与城市绿地相互融合，塑造独一无二的花园海岛形象。打造不同主题慢行绿道，设计从学校到社区最安全的回家路径。各组团内设置邻里共享空间，形成向心式布局，保留轻轨站进行立体复合开发，植入商业、酒店、办公等功能，集聚人气，打造灵昆岛中央活力区。七大组团建筑因地就势，结合人群需求，设计不同主题个性化空间形态。结合机场限高要求，营造富有层次的天际线，塑造空中、田园、入岛等不同视角的花园海岛形态（见图5-90）。

沿江构建"1210"瓯江活力带，一个门户公园连接两个城市阳台，打造十里瓯江魅力海岸。

（3）策略三：创享曼岛

创享曼岛策略打造"1+9"全域未来社区（见图5-91），"1"为"未来街区—未来社区—未来园区"整体联动结构，为各类精英提供定制化服务；"9"为覆盖全域的九大场景专项内容，通过33项指标体系落实管控，重点体现三大特色：

创业零距离：重点孵化"1+2+3+N"产业体系，聚焦七大主题单元坊，

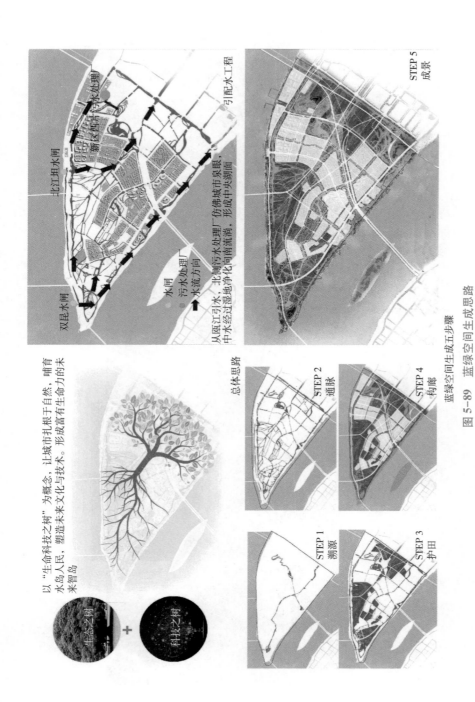

图5-89 蓝绿空间生成思路

资料来源：中国电建集团华东勘测设计研究院有限公司。

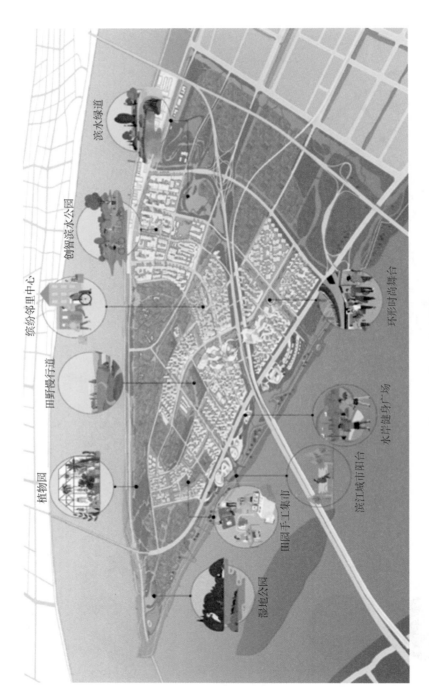

图5-90　花园海岛空间体系

资料来源：中国电建集团华东勘测设计研究院有限公司。

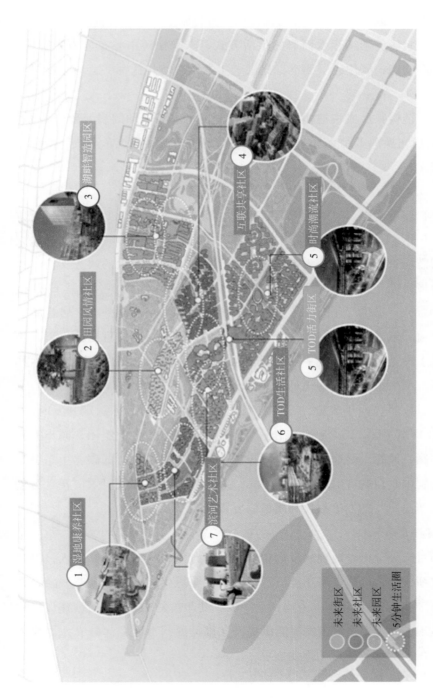

图 5-91　"1+9" 全域未来社区体系

资料来源：中国电建集团华东勘测设计研究院有限公司。

各单元设置创新创业综合体，零距离提供全方位服务和孵化平台。

生活更宜居：延续逐水而居的生活方式，未来社区中心布局未来客厅、邻里中心等功能；居住底层架空，提供老年学堂、幼儿托育、运动球场等全龄化服务。

交通全链接：形成快达慢游交通网络，构建水陆联动的多元公交体系。以 TOD 为枢纽换乘多元交通，配建中运量智能轨道快运系统示范线，衔接组团微公交。

（4）策略四：数字智岛

数字智岛策略构建"3+3+N"数智孪生架构体系，建设 1 个全域底层数据引擎、1 个虚拟现实仿真集成引擎、1 个城市综合指挥调度决策引擎。建立三大类智慧场景。创新智岛为资规、住建、水利等部门提供的政务支持，实现规划全域协同、建设全时管控、水情全岛预警。经济智岛整合智慧 EOD 模式、双创服务，提供产业链条分析，政策智能匹配等精准服务。宜居智岛提供智慧交通、未来建筑、智慧公园等公共服务，提高灵昆岛宜居性。三大场景辅以掌上灵昆、沉浸式数字沙盘等多元立体展示端口，形成与现实同生共长的灵昆数字生态孪生智岛（见图 5-92）。

该项目按照"一年成势、三年成型、五年成城"的目标制定开发时序，先启动 TOD 东片区，结合征迁工作进展，依次开发建设七大组团，同步完善水廊、路廊、风廊、湿地公园等生态设施，未来，一座具有低碳、生态、智慧特色的副中心新城将出现在东海之滨，为国家海洋经济示范区、"湾区智创城·海上新温州"的发展提供高质量的要素支持。

6. 实施效果

本项目充分分析场地现状及周边环境，设计定位准确、研究深入，以第一名的成绩成功中标国家海洋经济示范区灵昆全域生态环境导向产城融合开发 EOD 模式试点项目合作方采购，下一步，设计方案成果将在后续建设过程中逐一呈现，助力温州城市发展能级提升，推动温州再度崛起，成为"海上新温州"的宏大愿景实现的重要推手。

图 5-92 灵昆数字生态孪生智岛平台

资料来源：中国电建集团华东勘测设计研究院有限公司。

　　通过大量的国内案例研究，可以看到，优秀的滨水区规划案例，重点关注的内容是高度一致的，在规划理念方面，"水城融合""三生融合""XOD理念""城市生态类基础设施社区化"等是贯穿始终坚持的原则；在规划落地方面，主要聚焦在功能与设施、人文风貌、综合交通、生态保育、公共空间、色彩引导、空间形态七大方面。但同样也可以看到，由于河流宽度以及与城市关系的不同，对标案例体现出了一些差异化的关注重点和特色化的策略手段。

第六章

城市滨水区建设的相关建议

鉴于我国城市滨水空间的发展趋势及相关案例归纳与总结，未来我国城市滨水空间建设应注重以下几点：

一、加强城市滨水区建设的可行性研究

（一）加强研究的系统性

在开展城市滨水区的研究时，将其概念进行科学分类十分重要，不能简单使用广义城市滨水空间的概念，而需要对不同地域进行具体分析，从而定义城市滨水空间的概念。城市滨水空间的研究要注重结合多要素，整合内外部要素，避免局限于景观设计和模式的单一研究，应针对不同概念、不同地域（南北）、不同形态的城市滨水空间开展差异研究。当前城市滨水空间的规划，涉及地理学、建筑学、城乡规划学、土木工程、景观生态学及社会学等多学科的研究内容，如何通过多学科交叉融合，进行系统的理论指导，建设一个多功能平衡发展、兼顾社会效益和经济效益、自然环境和人文环境能得到保护的可持续城市滨水空间，需不断加强理论认知。

（二）加强规划层面现代技术的应用研究

随着现代城市社会的发展，过往局限于规划类软件的城市滨水空间设计

已经不能满足要求，现代城市社会对城市滨水空间的精神诉求、文化向往越来越强烈，对规划设计时的需求也愈加多元化，这要求城市滨水空间规划设计时要加入多要素分析的软件，关注城市滨水空间要素间关联、与城市其他空间的用地、社会空间关联等的关系，并提供城市滨水空间规划前后期的评价监测。因此，应在强化城市规划原理的基础理论上，加强新技术的使用，满足城市、市民多方面的需求，在城市滨水空间设计中采用 CAD、ArcGIS、3DMax、空间句法、ENVI 等新技术以提供更好的表达与评价手段。

（三）加强相关公共政策研究，强调公众参与

市场与政府的有效合作能带来成功的城市滨水空间开发成果。由市场驱动的城市滨水空间开发往往缺乏政府良好的公共政策引导控制，造成城市滨水空间的部分功能利用留白。需要加强政府在市场机制下的发展政策和相关公共政策的研究，并在此基础上强调公众参与。应采用市场经营与政府控制相协调运作的方式稳步推进城市滨水空间的规划和发展。其中，在规划管理方面，政府应该尽力避免城市滨水空间"私有化"局面的发生，及时组建相应的项目管理机构进行监管并落实相关举措，保障城市滨水空间公共性，在此基础上制订规划大纲、政策文件等，确保城市滨水空间开发的进程合理有序，保证城市滨水空间开发目标实现，促进城市滨水空间的科学发展。

二、提升城市综合开发项目整体规划理念

根据生态文明建设体系内在要求，要形成节约资源和保护环境的空间格局、产业结构、生产方式、生活方式，需优化调整空间布局、全面促进资源节约，并加大自然生态系统和环境保护力度。这些要求实质上为城市综合开发项目和城市滨水区项目指明了规划方向。

（一）整合城市规划

在城市综合开发项目和城市滨水区项目起始阶段就按照生态文明的理念、指标体系进行全面系统的整体规划建设管理，明确城市开发的主体功能要求，以环境功能区、生态功能区为基准，对开发项目空间进行进一步合理划分和优化，并明确每个功能区的发展要求，科学合理地按照整体规划落实城市综合开发项目和城市滨水区项目的"自然生态格局""用地布局模式""绿色交通理念""生态社区模式""文化保护理念""水资源利用理念""能源利用理念"等内容。

（二）研究最佳策略

规划与基础设施体系设计的整合与优化，这个过程应在制定总体规划之前启动，贯穿整个规划的制定与执行过程中。重要基础设施（能源、水、交通和垃圾处理系统）的服务提供商应与城市规划设计者合作，一起制定优化城市系统的解决方案。通过总体规划讨论阶段群策群力的设计与决策、后期执行过程中共同合作的贯彻与管理，规划与基础设施体系设计整合机会得到最大化。

（三）提升布局质量

我国大部分项目的规划设计在交通和土地使用方面已经有所整合，但是在能源、水和垃圾处理系统等诸多领域还有进一步整合的空间，水和能源系统的优化可实现显著的资源环境效益。土地使用规划与水系统设计的整合也特别重要，比如泵站的效率和水处理厂的坐落位置（与土地利用规划相关联）密切相关。当前城市项目建设中较为注重社区内部各项城市功能的完善，在社区对外交通方面使用公共交通的便捷度方面的关注略有不足，在未来新区的建设中，应关注交通便捷度的建设。同时，应注重在交通建设领域坚持高效利用能源，尽可能利用一些高科技手段提高能源使用效率，减少污染，促进社区的可持续发展和维持居民的良好生活环境。

三、坚持城市基础设施社区化的理念和原则

（一）坚持以民为本

人为城之本，城市发展的根本宗旨就是更好地为人提供生存、发展环境。以民为本是"立党为公、执政为民"理念在城市社区建设实践中的具体体现，也是推进城市基础设施建设社区化的根本出发点和落脚点。以杭州市的实践为例：在实施西湖综合保护工程中，杭州市提出"打通西湖、还湖于民"要求，打通西湖沿线道路，免费开放西湖；提出"还山于民"的要求，保留吴山大碗茶，恢复吴山庙会，让老百姓游得了吴山、游得起吴山；提出"景区美、寺庙兴、百姓富"的要求，努力把梅家坞、龙井村、灵隐村等"景中村"建成社会主义新农村建设示范村。在实施西溪湿地综合保护工程中，杭州提出"还溪于民"要求，强调要让西溪成为"人民的大公园"。在实施运河综合保护工程中，杭州市围绕"还河于民、申报世遗、打造世界级旅游产品"三大目标，打通运河两岸游步道，加强城市基础设施建设，整治运河沿线旧小区，改善运河两岸危旧房，既解决了运河的可进入性问题，又改善了运河两岸居民的生活环境特别是居住条件，使运河真正成为"人民的运河""游客的运河"。在杭州实践中，反复强调要把西湖、西溪湿地、运河中国杭州工艺美术博物馆（中国刀剪剑博物馆、中国扇业博物馆、中国伞业博物馆）打造成世界级旅游产品，提升杭州旅游核心竞争力，为老百姓种下一棵"摇钱树"，让杭州老百姓捧上一个"金饭碗"。

在迈入 21 世纪以来实施的重大工程中，杭州坚持以民为本的理念，坚持走群众路线不动摇，反复强调坚持科学决策、民主决策，落实"四问四权"，充分体现了"城市建设为人民、城市建设靠人民、城市建设成果由人民共享、城市建设成效让人民检验"。

（二）坚持生态优先

城市是有生命的，有兴衰存亡。保持城市旺盛生命力的关键在于要保护好城市自然生态，处理好城市与环境的关系。杭州始终坚持把生态效益放在首位，在生态效益、环境效益与社会效益、经济效益发生矛盾时，坚持社会和经济效益无条件地服从于生态效益和环境效益。在西湖综合保护工程中，杭州市提出了"淡妆建筑设施、浓抹花草树木"的要求，强调要严格控制建筑密度和人口密度，尽最大可能保护和修复自然生态，做到"虽由人作、宛若天开"。在西溪湿地综合保护中，杭州市提出最小干预理念，强调尽最大可能控制建筑规模和建设规模，大力削减人类活动的强度，在生物资源调查和生态环境研究基础上，保护和修复地貌、水域的原生性，保护好柿基鱼塘、桑基鱼塘、竹基鱼塘等人工次生湿地的标志，加强湿地生态植物的培育，对现有植被进行必要修复，突出自然和野趣，充分体现湿地生物的多样性，恢复和重建西溪杭州有机更新后的和睦港路79历史上的最佳生态，形成与西溪国家湿地公园相匹配的生态环境。在"三口五路""一纵三横""两口两线"等道路综合整治和背街小巷改善、庭院改善、危旧房改善、市区河道综合保护等工程中，杭州市提出并坚持"清洁、清静、亲水、绿色、无视觉污染"的理念，强调要努力让杭州天更蓝、水更清、山更绿、花更艳，实现人与环境、人与自然和谐相处。这些都是生态优先理念的充分实践。

（三）坚持系统综合

城市既是一个"生命体"，也是一个复杂的巨系统。杭州市始终坚持把城市三大类基础设施建设作为一项庞大的系统工程来抓，总体规划、逐步实施，由点到面、由线到片，系统综合、有序推进。杭州市提出以"路（河）有机更新"带整治、带保护、带改造、带建设、带开发、带管理，推动"城市有机更新"，展现了系统综合理念。具体包括：通过道路、河道的有机更新，对道路、河道两侧绿化环境、建筑立面、电杆广告等进行综合整治；保护好道路及河道两侧的自然人文生态，彰显"城市美学"，在不割断城市历史、不打破城市肌理的前提下实施城市建设；带动道路、河道两侧"城中村"改造，加快农转居多层公寓建设，真正走出一条"城中村"改造的新路子；推动沿路沿河的新农村建设，将市政基础设施向城乡结合部延伸，推进城郊农村地区的城市基础设施更新；带动道路、河道两侧地块开发，利用这些地块的土地出让收益平衡道路综合整治资金投入；推动道路、河道后续长效管理的落实和路河两侧环境的洁化、绿化、亮化、序化。系统综合理念体现在源头治理，从西湖综合保护工程坚持整治、绿化、引水、造景"四位一体"，到运河综合保护提出截污、驳堪、清淤、绿化、配水、保护、造景、管理"八位一体"，再到杭州市区河道综合保护提出"流畅、水清、岸绿、景美、宜居、繁荣"的综合治理目标，体现了系统综合理念。

（四）坚持品质至上

品质是城市基础设施工程的核心要素。以杭州市为例，杭州市明确要求坚持"四高"方针，即高起点规划、高强度投入、高标准建设、高效能管理，强调"细节为王""细节决定成败"，强调精益求精、不留遗憾。杭州市反复强调，工程实施前，规划设计方案公开展示，广泛听取、收集和采纳市民群众、专家学者和社会各界的意见；工程实施中，用料、施工、美化、视觉污染整治和植被恢复等都要严格遵守设计标准，严格执行施工规范，严格实施工程监管；工程建成开放前，要专门组织各方面专家和原住民代表检查细节，对待有问题的部分要及时整改到位，使每一个景点、每一处建筑都经得起人民、专家和历史的检验。杭州市高度重视独特性、差异性和唯一性，在西溪湿地综合保护中，明确强调西溪国家湿地公园要打以桑基鱼塘、柿基鱼塘和竹基鱼塘为特征的"自然景观牌"，这是西溪湿地最具独特性、差异性的景观特征；中国湿地博物馆则要成为具有独特性、差异性甚至唯一性的标志性建筑。在实施市区河道综合保护过程中，杭州市明确要求每条河道都要有独特性、差异性，防止"千河一面"。这些实践都充分体现了品质至上的理念。

（五）坚持集约节约

城市高质量发展的重要特征是指在城市基础设施建设中以最少的投入，

获取最大的经济效益、社会效益和生态效益。以杭州市为例，杭州政府始终强调集约节约利用土地资源和建设资金，在城市基础设施重大工程项目建设中，强调集约用地、节约用地，强调打造"廉洁工程""节约工程"，让纳税人的每一分钱都用在刀刃上，努力在集约节约与打造精品之间找到一个最佳平衡点。此外，杭州市还专门组织力量，对西湖综合保护工程进行绩效评估。杭州强调"一调两宽两严"原则，坚持向规划要土地、要资金，通过调整优化规划，集约节约利用土地资源，借地生财、借地发展。杭州市提出在钱江新城、钱江世纪城、下沙新城、杭州高新开发区（滨江）白马湖区块的局部区域开展"紧凑型城市"试点，积极践行"紧凑型城市"发展理念。杭州市始终坚持"政府做地、企业做房"原则，重大工程建设涉及的所有出让地块，均按规定程序实行"招拍挂"，努力实现土地收益的最大化，实现双赢局面。对各项重大建设工程，杭州市均实行严格的审计制度，此项制度的严格执行，能够节约建设资金20%以上。杭州市要求钱江新城努力打造杭州建设资源节约型、环境友好型社会示范区，把市民中心建成节能型建设的样板。这些都充分体现了集约节约理念。

（六）坚持可持续发展

可持续发展理论既是现代经济社会发展的基础理论，也是城市基础设施建设和城市发展必须遵循的基本规律。以杭州市为例，杭州在城市基础设施建设的过程中，始终强调可持续发展理念，特别是在西湖综合保护、西溪湿地综合保护、运河综合保护三大综合保护工程中，杭州市明确强调城市是一个生命体的理念，提出城市也有自己的"生命信息""遗传密码"，必须在做好保护、管理、经营的同时，做好研究，收集城市的"生命信息"，破译城市的"遗传密码"，保护好城市的历史文化，延续城市的历史脉络，让城市不忘"回家的路"，实现资源的永续利用和城市的可持续发展，让杭州这座千年古城"再活一个五千年"。

参考文献

［1］A Gordon D L. Implementing urban waterfront redevelopment in an historic context: A case study of the the Boston Naval Shipyard ［J］. Ocean & Coastal Management, 1999, 42 (10-11): 909-931.

［2］Baschak L A, Brown R D. An ecological framework for the planning, design and management of urban river greenways ［J］. Landscape and Urban Planning, 1995 (33): 211-225.

［3］Bennett P. Guidelines for assessing and monitoring riverbank health ［M］. NSW: Hawkesbury-Nepean Catchment Management Trust, 2000: 3-4.

［4］Bunce S, Desfor G. Introduction to "Political ecologies of urban waterfront transformations" ［J］. Cities, 2007, 24 (4): 251-258.

［5］Donat M. Bioengineering techniques for streambank restoration: A review of central European practices ［M］. Canada: British Columbia, 1995.

［6］Gerald E, Galloway M. River basin management in the 21st century: Blending development with economic, ewlogic, and cultural sustainability ［J］. Water International, 1997 (2): 82-89.

［7］Gospodini A. Urban waterfront redevelopment in greek cities: A framework for redesigning space ［J］. Elsevier Science, 2001, 18 (5): 285-295.

［8］Hohmann J, Konold W. Flussbau massnah men an der Wutach und ihre Bewertung aus oekologischer Sicht ［J］. Deutsche Wasserwirtschaft, 1992, 82

（9）：434-440.

［9］Hoyle B F，Pinder D A，Husain M S. Revitalizing the waterfront：International dimensions of dockland development ［M］. London：Belhaven Press，1988.

［10］John M. Santonio's river improvements project ［J］. Innovation，2003（11）.

［11］Krausse G H. Tourism and waterfront renewal：Assessing residential perception in Newport，Rhode Island，USA ［J］. Ocean & Coastal Management，1995（26）：179-203.

［12］Martinez M J P，et al. Port city waterfronts，a forgotten underwater cultural heritage. The materials used to build the port of Cartagena，Spain（18th century）［J］. Journa of Cultural Heritage，2013，14（3）：e15-e20.

［13］May R. "Connectivity" in urban rivers：Conflict and convergence between ecology and design ［J］. Technology in Society，2006，28（4）：477-488.

［14］Molina J L，et al. Integrated water resources management of overexploited hydrogeological systems using Object-Oriented Bayesian Networks ［J］. Environmental Modelling & Software，2010（4）：383-397.

［15］Naiman R J，Decamps H，Pollock M. The role of riparian corridors in maintaining regional biodiversity ［J］. Ecological Applications，1993，3（2）：209-212.

［16］Pijanowski B C，Robinson K D. Rates and patterns of land use change in the Upper Great Lakes States，USA：A framework for spatial temporal analysis ［J］. Landscape and Urban Planning，2011，102（2）：102-116.

［17］Rijsbermen M A，van de Ven F H M. Different approaches to assessment of design and management of sustainable urban water systems ［J］. Environmental Impact Assessment Review，2000，20（3）：333-345.

［18］Schauser I，Chorus I. Assessment of internal and external lake restoration measures for two Berlin lakes［J］. Lake and Reservoir Managenent，2007，23（4）：366-376.

［19］Selfert A. Naturnaeherer Wasserbau［J］. Deutsche Wasser wirtschaft，1938，33（12）：361-366.

［20］Swanson F I，Gregory S V，Sedell J R，et al. Land water interactions：the riparian zone［C］. Analysis of coniferous forest ecosystems in the Western U-nited States. Pennsy lvania：Hutchinson Ross Publishing，1982：267-291.

［21］Tompkins M R，Mengel D. Restoring urban ecosystems：The trinity riv-er corridor project. Dallas，Texas［J］. River Science & Engineering，2009.

［22］毕克妮，孙丹. 滨水区城市设计可识别性研究［J］. 山西建筑，2011，37（2）：25-26.

［23］陈理政. 城市滨水区土地开发策略探讨——由旧金山滨水区开发得到的启示［J］. 四川建筑，2009（S1）：68，71

［24］陈六汀. 滨水景观设计概论［M］. 武汉：华中科技大学出版社，2012.

［25］陈兴茹. 国内外城市河流治理现状［J］. 水利水电科技进展，2012，32（2）.

［26］陈勇. 基于生态学理论的城市滨水景观设计探索［J］. 现代园艺，2014（6）：117-118.

［27］城市河道如何治理？——国外著名城市河道水环境综合整治案例分享［J］. 衡阳通讯，2017（5）：15-17.

［28］传道：南昌要提前研究交通"五网合一"问题［N］. 南昌日报，2020-05-31（2）.

［29］崔国韬，左其亭，窦明. 国内外河湖水系连通发展沿革与影响［J］. 南水北调与水利科技，2011，9（4）：77-80.

［30］崔柳. 北方中小城市滨水区景观设计的地域性研究［D］. 东北林业大学硕士学位论文，2009.

［31］董柏生，王国平：打造新型城镇化2.0的思考［N］. 焦作日报，

2017-06-16（2）.

[32] 董思远，徐秋瑾，胡小贞，等．太湖缓冲带土地利用现状及变化
[J]．环境整治，2012（4）：66-68.

[33] 房斌，周建华．城市滨水景观立体化设计研究——以重庆市奉节
西部新城滨江带为例 [J]．南方农业，2011，5（1）：30-34.

[34] 高碧兰．城市滨水区公共开放空间规划设计浅析 [D]．北京林业
大学硕士学位论文，2010.

[35] 高辉巧，张晓雷，熊秋晓．基于生态重构的城市河湖水系治理研
究 [J]．人民黄河，2008（5）：8-9，32.

[36] 高阳，高甲荣，李付杰，等．基于河道—湿地—缓冲带复合指标
的京郊河溪生态评价体系 [J]．生态学报，2008（10）：537-548.

[37] 高质量推进城镇化　加快建设智慧城市 [EB/OL]．中科新型城镇
化研究院 [2018-09-26]．http：//www. ntut. org. cn/zkgd/qygh/info244. html.

[38] 耿晓芳．欧美发达国家水环境治理技术现状与反思 [J]．北方环
境，2011（4）：2，84.

[39] 顾雯．城市滨水区旅游功能开发研究——以上海苏州河为例
[D]．华东师范大学硕士学位论文，2008.

[40] 郭鉴．生态型、复合性城市滨水区城市设计——以上海黄浦江沿
岸前滩地区规划为例 [J]．上海城市规划，2012（5）：66-71.

[41] 韩玉玲，夏继红，陈永明，严忠民．河道生态建设：河流健康诊
断技术 [M]．北京：中国水利水电出版社，2012.

[42] 环迪．国内滨水城市色彩规划的研究 [D]．天津大学硕士学位论
文，2007.

[43] 黄俊．城市生态滨水绿地规划设计的研究 [D]．浙江农林大学硕
士学位论文，2012.

[44] 黄凌燕．城市滨水生态驳岸景观设计方法研究——以梧州苍海环
城水系景观设计为例 [J]．现代园艺，2018（11）：152-154.

[45] 经济日报．构建国际开放平台　共促大河文明传承 [EB/OL]．湖

北网络广播电视台［2021-10-08］. http：//news. hbtv. com. cn/p/302284. html.

［46］李云等. 活力再造导向下的铜陵镇区空间更新［C］. 活力城乡 美好人居——2019 中国城市规划年会论文集（02 城市更新）. 2019：679-690.

［47］李德旺，雷晓琴. 城市水网构建中的生态水力调度原理与方法初探［J］. 人民长江，2006（11）：65-66，69.

［48］李贵臣，逢锦辉，郭万宝. 构建生态、景观、游憩三位一体的城市滨水区——以穆棱市滨河文化公园规划为例［J］. 规划师，2011，27（1）：83-90.

［49］李佳仪. 上海黄浦江滨水公共空间游憩者感知价值、满意度与行为意向关系研究［D］. 上海师范大学硕士学位论文，2019.

［50］李蕾，李红. 城市滨水区开发的转型机制研究——从舟楫往来之利到现代城市的生态疆界［J］. 华中建筑，2006（3）：133-136.

［51］李燕. 西湖：做好"融合"文章 续写美丽传奇［J］. 杭州，2020（11）：19-22.

［52］廖凯，杨云樵，黄一如. 浅析中荷历史中 7 个典型理想城市的水城关系发展［J］. 同济大学学报（自然科学版），2021，49（3）：339-349.

［53］林恬. 城市滨水区景观整体性设计研究［D］. 武汉理工大学硕士学位论文，2008.

［54］刘滨谊等. 城市滨水区景观规划设计［M］. 南京：东南大学出版社，2006.

［55］刘博敏等. 从"水城分离"到"水城融合"的城市生态设计思考［C］. 共享与品质——2018 中国城市规划年会论文集（08 城市生态规划）. 2018：30-42.

［56］刘承忠. 城市滨水公园的生态化设计——以中山市岐江公园景观设计为例［J］. 中国教育技术装备，2010（21）：85-87.

［57］刘宏. 镇江市水环境安全评价及风险控制研究［D］. 江苏大学博士学位论文，2010.

［58］刘鹏．基于生态优化的城市滨水空间规划开发策略研究［J］．山西建筑，2012（35）：14-16.

［59］刘想．保护湿地生态 建设美丽西溪［J］．浙江林业，2013（2）：16-17.

［60］刘晓洁．邗江区非经营性基础设施PPP模式应用研究［D］．扬州大学硕士学位论文，2017.

［61］刘星光，葛慧蓉，赵四东．生态文明背景下水岸线"三生空间"规划探索——以珠海市水岸线保护利用规划为例［J］．规划师，2016，32（S2）：146-149.

［62］陆晓明．滨水地区城市设计——从城市设计视野探索武汉及月湖地区滨水城市空间设计［D］．华中科技大学硕士学位论文，2004.

［63］美国城市土地研究学会．都市滨水区规划［M］．马青，马雪梅，李殿生，译．沈阳：辽宁科学技术出版社，2007.

［64］潘宏图．城市滨水区景观设计的生态策略研究——以内江市为例［D］．西南交通大学硕士学位论文，2005.

［65］钱芳，金广君．基于可达的城市滨水区空间构成的句法分析［J］．华中建筑，2011，29（5）：115-119.

［66］乔文黎．城市滨水区景观的评价研究［D］．天津大学硕士学位论文，2008.

［67］秦莉雯．微更新中的社区口袋体育公园设计策略研究——以上海杨浦区四平路街道为例［J］．城市建筑，2021（15）：177-181.

［68］邵波，方文．王海洋．国内外河岸带研究现状与城市河岸林带生态重建［J］．西南农业大学学报（社会科学版），2007（6）：48-51.

［69］邵福军．城市滨水区再开发中土地开发策略研究——以济南小清河为例［J］．中国国土资源经济，2010（7）：19-22，56.

［70］司苏阳，曹虎，耿士均，等．城市湖滨绿地植物造景设计分析［J］．黑龙江农业科学，2015（5）：91-94.

［71］苏博洋．城市滨水区住宅外部空间设计研究——以广州珠江滨水

区为例［D］．华南理工大学硕士学位论文，2011．

［72］孙焱，张述林．三峡库区主要城市生态基础设施品质对比研究［J］．长江科学院院报，2009（9）：13-16．

［73］唐敏．上海城市化过程中的河网水系保护及相关环境效应研究［D］．华东师范大学硕士学位论文，2004．

［74］田硕．因地制宜地进行城市滨水景观规划［J］．水利发展研究，2008（3）：77-79．

［75］王春晓．西方城市生态基础设施规划设计的理论与实践研究［D］．北京林业大学博士学位论文，2015．

［76］王国平．关于公园社区、未来社区的思考——以天元公园社区为例［J］．城市开发，2020（19）：58-59．

［77］王国平．破解中国城镇化建设"钱从哪里来"难题的新思路［J］．中州建设，2017（18）：32-34．

［78］王国平．浅论 XOD+PPP 模式［N］．中国城市报，2017-08-07（23）．

［79］王国平．探索"PPP+XOD"复合新型模式［N］．中国城市报，2016-06-06（8）．

［80］王国玉．河岸带自然度评价与近自然恢复模式研究——以大连市河岸带为例［D］．北京林业大学硕士学位论文，2009．

［81］王海雄．浅谈 XOD+PPP 模式在我国城市轨道交通领域的应用［J］．信息周刊，2018（5）：3．

［82］王海燕．水环境治理技术的发展趋势［J］．中国科技博览，2010（1）．

［83］王建国，吕志鹏．世界城市滨水区开发建设的历史进程及其经验［J］．城市规划，2001（7）：40-45．

［84］王金潮，刘劲．国外缓冲带护岸技术研究进展［J］．水土保持通报，2010（6）：150-152，157．

［85］王美达，杨庆峰，赵秋雯．关于城市滨水景观共享性设计的思考

［J］．工业建筑，2009，39（2）：140-142.

［86］王晓东．滨水区城市设计的多维度研究——以漯河沙澧河沿岸地区规划设计为例［D］．华中科技大学硕士学位论文，2006.

［87］王中根等．河湖水系连通的理论探讨［J］．自然资源学报，2011，26（2）：87-92.

［88］翁奕城．论城市滨水区的可持续性城市设计［J］．新建筑，2000（4）：31-33.

［89］吴韶宸．从南昌市红谷滩新区滨江带城市设计看国内滨水城市空间的发展趋势［D］．南昌大学硕士学位论文，2008.

［90］武丽娟．城市滨水游憩空间开发与管理模式研究——以临沂市滨河景区为例［D］．北京第二外国语学院硕士学位论文，2008.

［91］夏继红．生态河岸带综合评价理论与应用［D］．河海大学博士学位论文，2005.

［92］夏继红，鞠蕾，林俊强，等．河岸带适宜宽度要求与确定方法［J］．河海大学学报（自然科学版），2013（3）：45-50.

［93］夏军等．河湖水系连通特征及其利弊［J］．地理科学进展，2012，31（1）：29-34.

［94］夏霆．城市河流水环境综合评价与诊断方法研究［D］．河海大学博士学位论文，2008.

［95］谢家强，曾小瑱，宋鹏飞，崔红蕾，彭小凤．基于生态修复视角的城市蓝绿空间规划策略研究——以济南国际医学科学中心为例［C］//活力城乡　美好人居——2019中国城市规划年会论文集（08城市生态规划）．2019：114-127.

［96］徐宗学，庞博．科学认识河湖水系连通问题［J］．中国水利，2011（16）：21-24.

［97］杨波，刘琨．建设生态水网·合理调配资源［J］．河北水利，2009（6）：15.

［98］叶春，李春华，邓婷婷．湖泊缓冲带功能、建设与管理［J］．环

境科学研究，2013（12）：28-34.

［99］叶炜．中国传统城市水系的保护与利用——以广州为例［D］．清华大学硕士学位论文，2005.

［100］迎战略机遇期　中国 PPP 投资呼唤创新［EB/OL］．世讯电科［2020-02-10］．https：//www. csundec. com/information/IndustryNews/2139. html.

［101］游安妮．城市滨水区旅游开发与城市发展关系研究［D］．华中师范大学硕士学位论文，2009.

［102］余凤生，孙姝．建设城市生态廊道　打造滨水生态绿城［J］．园林，2018（6）：51-54.

［103］余小虎．城与水的有机联系——滨水空间城市设计方法初探［D］．重庆大学硕士学位论文，2007.

［104］岳华．城市公共空间之市民性的思考——以美国芝加哥千禧公园为例［J］．华中建筑，2014，32（11）：115-120.

［105］岳华．当代德国城市公共空间之市民性的表述［J］．同济大学学报（社会科学版），2013（6）：64-69.

［106］岳华．解读空间中的权力［J］．中外建筑，2010（3）：55-59.

［107］岳华．民主的空间表述——当代行政建筑的空间等同性设计探讨［J］．华中建筑，2008（10）：85-89.

［108］岳华．英国城市滨水公共空间的复兴［J］．国际城市规划，2015（2）：134-138.

［109］岳隽，王仰麟．国内外河岸带研究的进展与展望［J］．地理科学进展，2005（5）：35-42.

［110］运迎霞，李晓峰．城市滨水区开发功能定位研究［J］．城市发展研究，2006（6）：119-124.

［111］张然．基于历史文脉的滨河区更新策略研究——以福泉市沙河滨河区更新设计为例［D］．贵州大学硕士学位论文，2016.

［112］张庭伟，冯晖，彭治权．城市滨水区设计与开发［M］．上海：

同济大学出版社，2002.

　　［113］张翔，赵会娟，任璞．西溪模式对张掖国家湿地公园发展的思考［J］．发展，2019（1）：46-47.

　　［114］赵丹，王如松．城市生态基础设施的整合及管理方法研究［C］//城乡治理与规划改革——2014 中国城市规划年会论文集（07 城市生态规划）．2014：926-935.

　　［115］赵霏，郭逍宇，赵文吉，等．城市河岸带土地利用和景观格局变化的生态环境效应研究——以北京市典型再生水补水河流河岸带为例［J］．湿地科学，2013（1）：103-110.

　　［116］赵广琦，邵飞，崔心红．生态河道的坡岸绿化技术探索与应用［J］．中国园林，2008（11）：86-90.

　　［117］赵学儒，李朝秀，徐志刚．发展民生水利　促进生态文明［N］．中国水利报，2010-12-30.

　　［118］周建东，黄永高．我国城市滨水绿地生态规划设计的内容与方法［J］．城市规划，2007，31（10）：64-69.

　　［119］周易冰．沈阳城市水系保护与利用研究［D］．沈阳建筑大学硕士学位论文，2011.

　　［120］周应海．试谈南淝河综合治理中的生态设计［J］．当代建设，2001（4）：35.

　　［121］周永广，沈旭炜．基于时空维度的城市滨水区的开发导向［J］．城市问题，2011（2）：32-37.

　　［122］周圆．城市滨水区空间营造研究［D］．山东农业大学硕士学位论文，2012.

　　［123］朱国平，等．城市河流的近自然综合治理研究进展［J］．中国水土保持科学，2006（1）：96-101.

　　［124］朱晗．浅析城市滨水空间景观规划设计［J］．城市周刊，2022（3）：15-16.

　　［125］朱静．城镇化"钱"途［J］．新理财（政府理财），2016（6）：

76-77.

　　［126］朱润钰，甄峰．城市滨水景观评价研究初探——以南京市莫愁湖滨水区为例［J］．四川环境，2008（1）：10-16.

　　［127］朱喜钢等．文化导向的滨水地区城市设计——以郑州银河湾滨水区城市设计为例［J］．城市建筑，2010（6）：129-130.

　　［128］主动接轨"双城经济圈"　奋力推进"三新简阳"建设［EB/OL］．［2020-1-29］．http：//baike.sc.xinhuanet.com/sc/a/1294.

致　谢

　　值此《水城融合：城市滨水区规划发展研究》出版之际，谨向为此书付出辛劳、提供优秀项目案例的同志们表示衷心感谢（按姓名笔画排序）：

王国光　邓新星　孙　堃　李春雷　李俊杰　杨玉梅　吴敏慧

邹静雯　汪　华　陈振飞　卓胜豪　赵溢波　胡剑东　姚晨晨

徐志强　徐玲娥　高祝敏　韩烨子　程雨薇　谢鸿锋　谢潇萌